国家杰出青年科学基金(Grant No.51125019)资助

非均质气藏试井理论

张烈辉　郭晶晶　著

石油工业出版社

内 容 提 要

本书针对非均质气藏的不稳定试井理论进行了深入研究，主要内容包括不稳定试井基本概念和理论、径向复合非均质气藏试井理论模型、线性复合非均质气藏试井理论模型，以及考虑非线性渗流情况下的径向复合和线性复合非均质气藏试井理论模型，并分析了井筒条件、储层和边界条件等对试井解释曲线的影响。

本书适合从事试井分析的工程技术人员及高校相关专业师生参考和借鉴。

图书在版编目（CIP）数据

非均质气藏试井理论／张烈辉，郭晶晶著．
北京：石油工业出版社，2013.1
ISBN 978-7-5021-9337-9

Ⅰ．非…

Ⅱ．①张…②郭…

Ⅲ．非均质油气藏－试井

Ⅳ．① TE343 ② TE353

中国版本图书馆 CIP 数据核字（2012）第 256881 号

出版发行：石油工业出版社
　　　　　（北京安定门外安华里 2 区 1 号　　100011）
　　　　　网　　址：http://pip.cnpc.com.cn
　　　　　编辑部：(010) 64240656　发行部：(010) 64523620
经　　销：全国新华书店
印　　刷：北京中石油彩色印刷有限责任公司

2013 年 1 月第 1 版　　2013 年 1 月第 1 次印刷
787×1092 毫米　开本：1/16　印张：9
字数：224 千字

定价：40.00 元

前　　言

气井试井分析是一种认识、评价气藏的重要手段，试井分析所提供的动态信息可以为气田开发方案的部署、调整和实施提供重要的理论依据和指导。

长期以来，人们在均质气藏试井理论方面做了大量的研究工作。然而，由于地层本身在沉积过程中的非均质性，钻井、完井和开采过程中所造成的污染，以及随着油气田开发的不断深入，气、水的重新分布等等，使得实际气藏的地下情况越来越复杂，非均质性越来越严重。这些都对原有的试井理论和试井分析方法提出了新的挑战，以往建立在均质等厚、各向同性基础上的不稳定试井理论模型难以适应新形势下的开发试井的要求。因此，有必要从气田开发的实际出发，建立符合气田地下实际情况的非均质气藏试井理论模型，用以指导气田开发的生产实践。

本书针对非均质气藏的不稳定试井理论进行了研究，内容包括试井解释模型的建立、求解理论与方法、典型曲线特征分析等。本书数学推导严谨、物理描述清晰，各章既相对独立，又相互有机结合，非常适合读者掌握非均质试井理论与方法的深刻内涵。全书共分为五章。第一章简要介绍了不稳定试井分析的基本概念、基本流动阶段以及单一介质和双重介质气藏基本渗流理论，为以后各章试井解释模型的推导作了理论上的铺垫。第二章和第三章针对单一介质和双重介质气藏，分别介绍了径向复合非均质和线性复合非均质气藏试井解释模型的建立、解析求解过程以及试井典型曲线特征，对于求解过程中所用到的数学物理方法也作了简单介绍。第四章从压敏性气藏非线性渗流规律入手，针对压敏性单一介质和双重介质气藏，介绍了考虑应力敏感效应的径向复合非均质气藏试井解释数学模型的建立、差分模型的推导及求解方法，并阐述了应力敏感对典型曲线形态的影响，对建立差分模型时内边界条件的处理方法也作了介绍。第五章针对压敏性单一介质和双重介质气藏，介绍了考虑应力敏感效应的线性复合非均质气藏试井解释数学模型的建立、差分模型的推导及求解方法，并阐述了应力敏感对典型曲线形态的影响。

本书由西南石油大学张烈辉教授、郭晶晶博士编著。在本书的编写过程中，得到了西南石油大学李允、段永刚、李晓平、刘启国、王海涛、罗建新、冯国庆、吴锋、陈军、胡书勇、代艳英等老师以及赵玉龙、张德良、陈果、李隆新、方晓春、曾杨、蒋艳芳等研究生的帮助，在此，谨向他们表示衷心的谢意，同时也向书中所引用文献的所有作者表示感谢。

本书得到了国家杰出青年科学基金 (Grant No.51125019) 资助。

由于作者理论水平和实践经验有限，本书仍可能存在许多不完善和欠妥之处，欢迎提出宝贵意见和建议。

著者

2012 年 7 月 19 日

目　　录

第一章 试井分析基本概念与理论

气井试井分析是气藏开发工程中动态描述、动态监测的重要研究内容和手段,在气藏工程领域占有十分重要的地位,可以说,试井技术与试井结果已经成为气藏描述和正确开发气田一种重要的必不可少的手段和方法。通过对气井或气田测试资料的分析,可以得到地层和测试井的各种特性参数(如渗透率、地层污染情况、原始地层压力、流动系数等)以及层与层之间、井与井之间的连通关系。将试井分析所提供的动态信息和其他方法所得到的静态信息结合起来,可以为气田勘探开发提供重要的理论依据和指导。

长期以来,人们在均质气藏试井理论方面做了大量的研究工作。总体来说,随着试井理论和应用技术的发展及计算机技术的发展,试井理论与技术发展到现阶段对于均质气藏范畴的试井分析已经较为容易实现。目前的常规试井分析理论和现代试井分析理论都是基于对渗流数学模型进行解析求解的基础之上发展起来的,为了便于求解,往往需要假设如储层均质等厚和各向同性等条件。

然而,由于地层本身沉积过程中的非均质性,气藏在钻井、完井和开采过程中所造成的污染情况以及随着油气田开发的不断深入气、水的重新分布等等,使得实际气藏的地下情况越来越复杂,非均质性越来越严重,如不同方向上的渗透率不同,气藏中不同位置处的孔隙度、渗透率也不同,另外气藏中不同位置处的储层厚度也有可能不相同,处于气藏不同位置的流体特性也有可能不相同。这些问题对原有的试井理论和试井分析方法提出了新的挑战,以往建立在均质等厚、各向同性基础上的不稳定试井理论模型难以适应开发试井的要求。因此,必须从气田开发的实际出发,建立符合气田地下实际情况的非均质试井理论模型,用以指导气田开发的生产实践。

第一节 试井分析基本概念

一、无因次变量

现代试井分析中往往要涉及无因次变量,或者称为无量纲量。无因次变量的概念是与有因次量或有量纲量相对应的。一般来说,若某一物理量被度量的数值大小与所选择的测量单位有关,那么该物理量为有因次量或有量纲量。与之相对应的,有些物理量不具有量纲或者说量纲为1,这样的物理量称为无量纲量。

要计算某一有因次物理量,往往需要涉及许多其他有因次物理量,有时会给计算带给麻烦。为了简化计算,人们常常会把某些有因次物理量进行无因次化。在试井分析中所涉及的某物理量的无因次化,一般是将该物理量与其他的一些物理量进行组合,并与该物理量成正比。无因次变量的引入能简化渗流微分方程,减少未知参数的个数,便于试井理论模型的推导和求解。此外,以无因次变量形式所表达的解代表了某一类模型统一形式的解,它不受变量单位制选择的影响,具有更普遍的意义,且表达形式简单,其最终结果适用于任何单位制。例如，对某一无因次渗流模型进行求解，可得到以无因次变量形式所表示的无因次解，然后可根据实际需要将无因次解换算成所需单位制下的有量纲表达式。

气井试井分析中常用的无因次变量如下。

1. 无因次拟压力 p_D

气井的无因次拟压力与拟压力差成正比。对于单一介质气藏，无因次拟压力一般采用如下定义式：

$$\begin{cases} p_D = \dfrac{\pi K h T_{sc}}{q_{sc} p_{sc} T}(\psi_i - \psi) \\ p_{wfD} = \dfrac{\pi K h T_{sc}}{q_{sc} p_{sc} T}(\psi_i - \psi_{wf}) \end{cases} \tag{1.1.1}$$

对于双重介质气藏，无因次拟压力定义式如下：

$$\begin{cases} p_{Df} = \dfrac{\pi K_f h T_{sc}}{q_{sc} p_{sc} T}(\psi_i - \psi_f) \\ p_{Dm} = \dfrac{\pi K_f h T_{sc}}{q_{sc} p_{sc} T}(\psi_i - \psi_m) \\ p_{wfD} = \dfrac{\pi K_f h T_{sc}}{q_{sc} p_{sc} T}(\psi_i - \psi_{wf}) \end{cases} \tag{1.1.2}$$

式中　K——储层渗透率，m^2；

　　　K_f——裂缝渗透率，m^2；

　　　h——储层厚度，m；

　　　T_{sc}——标况下温度，K；

　　　p_{sc}——标况下压力，Pa；

　　　q_{sc}——气井地面产量，m^3/s；

　　　T——温度，K；

　　　ψ——真实气体拟压力，$Pa^2/(Pa·s)$；

　　　ψ_f——裂缝系统拟压力，$Pa^2/(Pa·s)$；

　　　ψ_m——基质系统拟压力，$Pa^2/(Pa·s)$；

　　　ψ_i——原始地层压力对应的拟压力，$Pa^2/(Pa·s)$。

从式（1.1.1）和式（1.1.2）可知，无因次拟压力实际上对应的是无因次的拟压力差，但是在试井分析理论中习惯上称之为无因次拟压力。

2. 无因次时间 t_D

无因次时间与开井时间 t（压力降落试井）或关井时间 Δt（压力恢复试井）成正比。对于单一介质气藏，无因次时间一般定义如下：

$$t_D = \frac{Kt}{\phi \mu_i C_{gi} r_w^2} \text{ 或 } t_D = \frac{K\Delta t}{\phi \mu_i C_{gi} r_w^2} \tag{1.1.3}$$

对于双重介质气藏，无因次时间定义如下：

$$t_D = \frac{K_f t}{(\phi C_{gi})_{f+m} \mu_i r_w^2} \text{ 或 } t_D = \frac{K_f \Delta t}{(\phi C_{gi})_{f+m} \mu_i r_w^2} \tag{1.1.4}$$

式中　t——生产时间，s；

　　　Δt——持续时间或关井压力恢复时间，s；

　　　ϕ——储层孔隙度，分数；

　　　ϕ_f——裂缝孔隙度，分数；

　　　ϕ_m——基质孔隙度，分数；

　　　μ_i——原始地层压力温度条件下的气体黏度，Pa·s；

　　　C_{gi}——原始地层压力温度条件下的气体压缩系数，Pa^{-1}；

　　　C_{fgi}——原始地层压力温度条件下裂缝系统中气体压缩系数，Pa^{-1}；

　　　C_{mgi}——原始地层压力温度条件下基质系统中气体压缩系数，Pa^{-1}；

　　　r_w——井径，m。

3. 无因次距离 r_D

无因次距离可以用井半径 r_w 为基准进行定义，也可以用有效井径 $r_w e^{-S}$ 为基准进行定义：

$$r_D = \frac{r}{r_w} \tag{1.1.5}$$

或

$$r_D = \frac{r}{r_w e^{-S}} \tag{1.1.6}$$

式中　r——径向距离，m；

　　　S——表皮系数，无因次。

4. 无因次井筒储集常数 C_D

无因次井筒储集常数与井筒储集常数 C 成正比。对于单一介质气藏和双重介质气藏，它的定义不相同。对于单一介质气藏，其定义式可写为：

$$C_D = \frac{C}{2\pi h \phi C_{gi} r_w^2} \tag{1.1.7}$$

对于双重介质气藏，其定义式可写为：

$$C_D = \frac{C}{2\pi h (\phi C_{gi})_{f+m} r_w^2} \tag{1.1.8}$$

式中　C——井筒储集常数，m³/Pa。

无因次化的方法并不是唯一的，根据不同的模型求解需要，可以采用不同的方法定义同一个无因次量。上面给出的只是最基本的无因次变量定义方法。

二、表皮效应

钻井、完井过程中往往会使气井井筒周围地层渗透率受到伤害，开发过程中采取的增产措施也会导致地层渗透率发生变化。为了描述这种由于渗透率的改变而造成的井底附近压力降的改变，Hawkins 等提出了表皮效应的概念，并定义了表皮系数来表征表皮效应的大小。

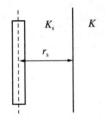

图 1.1.1　井筒附近污染带示意图

如图 1.1.1 所示，设井筒附近污染地带的渗透率为 K_s，污染半径为 r_s，地层原始渗透率为 K。由于表皮效应的存在，地层中的压力分布与理想井条件下的压力分布不同。这种差异在井筒附近较大，随着径向距离的增大，差异逐渐减小。在图 1.1.2 中，$\Delta\psi_1$ 表示井筒附近渗透率不发生变化时，从半径为 r_s 处到井底 r_w 处的拟压力降；$\Delta\psi_2$ 表示井筒附近渗透率发生变化时，从半径为 r_s 处到井底 r_w 处的拟压力降；定义 $\Delta\psi_s$ 表示由于近井地带渗透率的改变而造成的附加拟压力降，则存在以下关系式：

$$\Delta\psi_s = \Delta\psi_2 - \Delta\psi_1 \tag{1.1.9}$$

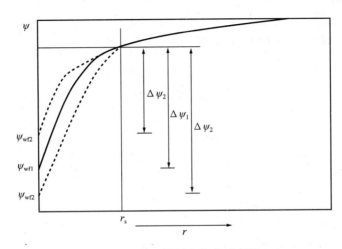

图 1.1.2　地层拟压力分布示意图

污染带半径 r_s 往往都比较小，可近似认为污染带内流体的流动为稳定流动，根据稳定流公式，可得到：

$$\Delta\psi_1 = \psi_i - \psi_{wf1} = \frac{q_{sc}p_{sc}T}{\pi K h T_{sc}}\ln\frac{r_s}{r_w} \tag{1.1.10}$$

$$\Delta\psi_2 = \psi_i - \psi_{wf2} = \frac{q_{sc}p_{sc}T}{\pi K_s h T_{sc}}\ln\frac{r_s}{r_w} \tag{1.1.11}$$

式中　r_s——污染带半径，m；

K_s——污染带地层渗透率，m^2；

$\Delta\psi_1$——不存在地层污染时，从半径为 r_s 处到井底 r_w 处的拟压力降，$Pa^2/(Pa\cdot s)$；

$\Delta\psi_2$——存在地层污染时，从半径为 r_s 处到井底 r_w 处的拟压力降，$Pa^2/(Pa\cdot s)$；

ψ_{wf1}——不存在地层污染时井底流压对应的拟压力，$Pa^2/(Pa\cdot s)$；

ψ_{wf2}——存在地层污染时井底流压对应的拟压力，$Pa^2/(Pa\cdot s)$；

$\Delta\psi_s$——由于地层污染所引起的附加拟压力降，$Pa^2/(Pa\cdot s)$。

将式（1.1.10）和式（1.1.11）代入式（1.1.9），可得到：

$$\Delta\psi_s = \frac{q_{sc}p_{sc}T}{\pi h T_{sc}}\left(\frac{1}{K_s} - \frac{1}{K}\right)\ln\frac{r_s}{r_w} \tag{1.1.12}$$

Hawkins 定义的表皮系数 S 为：

$$S = \left(\frac{1}{K_s} - \frac{1}{K}\right)\ln\frac{r_s}{r_w} \tag{1.1.13}$$

结合式（1.1.12）和式（1.1.13），可得到：

$$S = \frac{\pi K h T_{sc}}{q_{sc}p_{sc}T}\Delta\psi_s \tag{1.1.14}$$

观察式（1.1.14），并结合无因次拟压力的定义来看，可知表皮系数 S 实质上是无因次附加拟压力降。通过 S 的大小可以判断井筒附近渗透率的改变情况，一般来说，正表皮系数表示井底附近渗透率由于地层污染等降低，负表皮系数则表示井底附近渗透率由于实施了增产措施等而增大。

也可以采用另外一种方式来表示表皮效应的大小，即有效井径 r_{we}。有效井径的定义式如下：

$$r_{we} = r_w e^{-S} \tag{1.1.15}$$

式中 r_{we}——有效井径，m。

正如前面所说，在对试井模型进行无因次化时，也可基于有效井径来定义无因次量。

三、井筒储集效应与井筒储集常数

一般情况下，对油气井进行测试时都是在地面进行开关井操作。油气井刚开井或刚关井的时候，会出现地面产量与井底产量不相等的情况，这种情况称为井筒储集效应。以开井生产为例，当气井开井生产时，从井口以产量 q_{sc} 产气，但这时的产量主要是依靠井筒中被压缩的气体的膨胀能而采出的，并没有气体从地层流入井筒。此时的地面产量为 q_{sc}，井底处岩面产量为 0。随着开井时间的增加，井筒中压力逐渐降低，地层中气体开始流入井筒，井底产量逐渐过渡到与地面产量相等（图 1.1.3）。

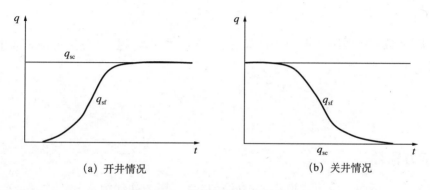

（a）开井情况　　　　　　　　　（b）关井情况

图 1.1.3　井筒储集效应示意图

井筒储集效应的大小用井筒储集常数 C 表示，其定义式如下：

$$C = \frac{\Delta V}{\Delta p} \qquad (1.1.16)$$

式中　ΔV——井筒中流体体积变化，m^3；

　　　Δp——压差，Pa。

从它的定义表达式可以看出，井筒储集常数的物理意义为改变单位井底压力时井筒储存或释放的流体体积。

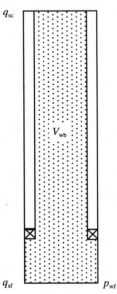

图 1.1.4　井筒充满气体示意图

对于液体而言，当计算井筒储集常数时，要分井筒中充满液体与井筒中存在气液两相这两种情况进行计算。但是对于气井而言，当计算井筒储集常数时，只需要考虑井筒充满气体这一种情况。下面以开井生产情况为例，推导存在井筒储集效应时内边界条件的表达式。

如图 1.1.4 所示，井筒中充满气体，设气井地面产量 q_{sc} 为常数，井筒体积为 V_{wb}，井筒内气体压缩系数为 C_{wb}，岩面流量为 q_{sf}，则根据质量守恒定律有：

流入井筒的气体量 − 流出井筒的气体量 = 井筒内气体的增量

在 dt 时间段内有：

$$(q_{sf} - q_{sc}B_g)\,dt = V_{wb}C_{wb}dp_{wf} \qquad (1.1.17)$$

故：

$$q_{sf} = q_{sc}B_g + V_{wb}C_{wb}\frac{dp_{wf}}{dt} \qquad (1.1.18)$$

式中　q_{sf}——岩面流量，m^3/s；

　　　B_g——气体体积系数，m^3/m^3；

　　　V_{wb}——井筒体积，m^3；

　　　C_{wb}——井筒内气体压缩系数，Pa^{-1}；

　　　p_{wf}——井底流压，Pa。

根据井筒储集常数和气体压缩系数的定义可知：

$$C = V_{wb}C_{wb} \qquad (1.1.19)$$

引入前面定义的无因次变量，并将式（1.1.19）代入式（1.1.18），可得到如下表达式：

$$C_D\frac{\partial p_{wfD}}{\partial t_D} - \left(r_D\frac{\partial p_D}{\partial r_D}\right)_{r_D=1} = 1 \qquad (1.1.20)$$

式中　p_{wfD}——无因次井底拟压力，无因次。

四、压力导数

在现代试井分析中，由于理论模型解的相似性，压力曲线拟合分析往往会存在多解性。为了解决这一问题，Bourdet 于 1983 年提出了压力导数曲线的概念。导数曲线对压力的变化反映更加明显，在压力曲线上看起来相似的两条曲线，在压力导数曲线上有可能差异很大。

气井试井分析中，压力导数的定义式为：

$$p'_{\text{D}} = \left(t_{\text{D}} / C_{\text{D}}\right) \cdot \frac{\text{d}p_{\text{D}}}{\text{d}\left(t_{\text{D}} / C_{\text{D}}\right)} \tag{1.1.21}$$

$$\Delta \psi' = \Delta t \cdot \frac{\text{d}\Delta \psi}{\text{d}\Delta t} \tag{1.1.22}$$

无论是实测的压力数据，还是由试井模型求得的压力数据，通常得到的都是离散压力点。可利用数值求导的方法，以差分代替微分来加权计算压力导数。第 j 个离散压力点处的拟压力导数可由下式计算得到：

$$p'_{\text{D}j} = \left[\frac{p_{\text{D}(j+1)} - p_{\text{D}j}}{t_{\text{D}(j+1)} - t_{\text{D}j}}\left(t_{\text{D}j} - t_{\text{D}(j-1)}\right) + \frac{p_{\text{D}j} - p_{\text{D}(j-1)}}{t_{\text{D}j} - t_{\text{D}(j-1)}}\left(t_{\text{D}(j+1)} - t_{\text{D}j}\right)\right] / \left(t_{\text{D}(j+1)} - t_{\text{D}(j-1)}\right) \tag{1.1.23}$$

$$\Delta \psi'_j = \left[\frac{\Delta \psi_{j+1} - \Delta \psi_j}{t_{j+1} - t_j}\left(t_j - t_{j-1}\right) + \frac{\Delta \psi_j - \Delta \psi_{j-1}}{t_j - t_{j-1}}\left(t_{j+1} - t_j\right)\right] / \left(t_{j+1} - t_{j-1}\right) \tag{1.1.24}$$

式中 p'_{D}——无因次井底拟压力导数，无因次；

$\Delta \psi'$——拟压力导数，Pa²/（Pa·s）；

$p'_{\text{D}j}$——第 j 个离散压力点处的无因次拟压力导数，无因次；

$\Delta \psi'_j$——第 j 个离散压力点处的拟压力导数，Pa²/（Pa·s）；

$p_{\text{D}(j+1)}$，$p_{\text{D}j}$，$p_{\text{D}(j-1)}$——第 $j+1$，j，$j-1$ 个离散无因次拟压力点，无因次；

t_{j+1}，t_j，t_{j-1}——第 $j+1$，j，$j-1$ 个时间点，s；

$t_{\text{D}(j+1)}$，$t_{\text{D}j}$，$t_{\text{D}(j-1)}$——第 $j+1$，j，$j-1$ 个无因次时间点，无因次；

$\Delta \psi_{j+1}$，$\Delta \psi_j$，$\Delta \psi_{j-1}$——第 $j+1$，j，$j-1$ 个离散拟压力差点，Pa²/（Pa·s）。

五、流动阶段

流动阶段是试井分析中的重要概念，它反映了流体在地下渗流时的运动规律。不同流动阶段所对应的试井曲线特征不同。气井在进行试井测试时，一般来说都会经历井筒储集阶段、径向流阶段和边界反映阶段，各个阶段之间还有相应的一些过渡阶段。在一些特殊情况下，还可能会出现线性流等流动阶段。下面对本书中涉及的几种流动状态作简要的说明。

1. 平面径向流

气井打开整个生产层，则在开井生产后，压力波传播到边界之前，地层中的气体沿水平面以径向方向流向气井，如图 1.1.5 所示。这种流动阶

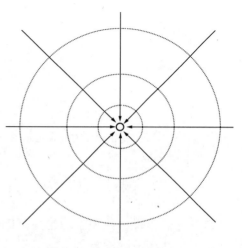

图 1.1.5 平面径向流示意图

段称为平面径向流动，该流动阶段一般出现在均质地层中或复合地层早期。平面径向流在试井典型曲线上表现为压力导数曲线为一水平线。

2. 线性流

由于某些边界条件的影响，会在地层中出现线性流动阶段。例如，当井打在条带状地层中时，外边界条件可视为平行断层条件，流体在该类地层中晚期的流动就符合线性流动规律，如图1.1.6所示，流线相互平行。线性流动阶段在试井典型曲线上表现为压力导数为1/2斜率的直线。

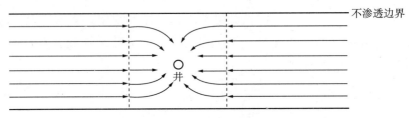

图1.1.6　线性流示意图

3. 稳定流

如果气藏的边界为定压边界，则在气井定产量生产一定时间之后，整个气藏的压力分布保持恒定，不随时间变化，如图1.1.7所示，这种流动状态称为稳定流。稳定流在试井典型曲线上表现为压力曲线呈水平线，而压力导数曲线则呈急剧下掉状。

4. 拟稳定流

如果气藏的边界为封闭边界，则在气井定产量生产一定时间之后，整个气藏的压力下降速度为一常数，如图1.1.8所示，这种流动状态称为拟稳定流。拟稳定流在试井典型曲线上表现为压力曲线及压力导数曲线呈斜率为1的直线。

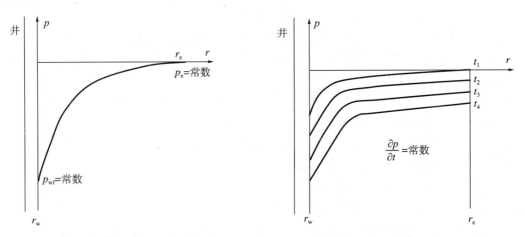

图1.1.7　稳定流压力分布示意图　　　　图1.1.8　拟稳定流压力分布示意图

第二节　单一介质气藏试井分析基本理论

试井分析是以渗流力学理论为基础的。研究气体地下渗流问题，需要首先建立描述气体在地层中渗流的数学模型。本节将从三大基本方程出发，推导得到单一介质气藏一般形式下的气体渗流微分方程。

一、基本方程

气体渗流微分方程由运动方程、气体状态方程和连续性方程组成。

1. 运动方程

运动方程是反映气体在地层中的渗流速度与孔隙流体压力之间关系的方程，它描述的是渗流过程所满足的力学定律。

1）线性渗流

当气体在渗流过程中处于层流状态时，其流动规律可由达西定律表示。它反映的是气体流速与压力梯度成正比，而与气体黏度成反比。在三维渗流空间中，对于均质地层，广义达西定律可写为：

$$v = -\frac{K}{\mu}(\nabla p + \rho g) \tag{1.2.1}$$

在笛卡儿坐标系中，渗流速度的三个分量可分别表示为：

$$v_x = -\frac{K_x}{\mu}\frac{\partial p}{\partial x} \tag{1.2.2}$$

$$v_y = -\frac{K_y}{\mu}\frac{\partial p}{\partial y} \tag{1.2.3}$$

$$v_z = -\frac{K_z}{\mu}\left(\frac{\partial p}{\partial z} + \rho g\right) \tag{1.2.4}$$

当气体流动为平面径向流时，径向渗流速度可写为：

$$v_r = -\frac{K_r}{\mu}\frac{\partial p}{\partial r} \tag{1.2.5}$$

式中　v——气体渗流速度，m/s；

v_x、v_y、v_z——渗流速度在 x，y，z 三个方向的分量，m/s；

v_r——径向渗流速度，m/s；

K_x，K_y，K_z——渗透率在 x，y，z 三个方向的分量，m²；

K_r——径向渗透率，m²；

∇p——压力梯度，Pa/m；

∇——Halmilton 梯度算子，$\nabla = \frac{\partial(\ )}{\partial x}i + \frac{\partial(\ )}{\partial y}j + \frac{\partial(\ )}{\partial z}k$；

p——气藏中任意一点的压力，Pa；

μ——天然气黏度，Pa·s；

ρ——天然气密度，kg/m³；

g——重力加速度，取 9.8m/s²；

x，y，z——空间坐标，m。

2）非线性渗流

对于气体渗流，当流速较低时，需要考虑 Klinkenberg 效应的影响，渗流运动方程中的渗透率项需要进行一定的修正，修正后的渗流方程可表示为：

$$v = -\frac{K(\bar{p})}{\mu}(\nabla p + \rho g) \tag{1.2.6}$$

$$K(\bar{p}) = K\left(1 + \frac{b}{\bar{p}}\right) \tag{1.2.7}$$

式中　$K(\bar{p})$——修正后的渗透率，与气体渗流通道的尺寸及渗流平均压力有关，m^2；

　　　$\bar{p}$——渗流平均压力，等于渗流通道两端压力的平均值，Pa；

　　　b——与气体分子平均自由程和渗流通道半径有关的常数。

当气体渗流速度增加到一定程度之后，紊流和惯性的影响将明显增加，此时气体的渗流规律也不再满足达西线性渗流定律。Forchheimer通过实验，提出非达西气体渗流速度和压力梯度之间符合以下关系：

$$\frac{dp}{dl} = -\left(\frac{\mu}{K}v + \beta\rho v^2\right) \tag{1.2.8}$$

对于平面径向流，式（1.2.8）可写为：

$$\frac{dp}{dr} = \frac{\mu}{K}v + \beta\rho v^2 \tag{1.2.9}$$

式中　β——描述孔隙介质紊流影响的系数，称为非达西流 β 因子，m^{-1}；

　　　l——线性渗流距离，m。

实际上，式（1.2.8）是一个广义的运动方程，达西线性渗流定律是它的一种特殊情况。一般地，式（1.2.8）可整理成如下形式：

$$v = -\delta\frac{K}{\mu}\frac{dp}{dl} \tag{1.2.10}$$

$$\delta = \frac{1}{1 + \dfrac{\beta\rho Kv}{\mu}} \tag{1.2.11}$$

式中　δ——层流—惯性—紊流修正系数，达西定律是 $\delta=1$ 时的特例。

上述分析表明，由于渗流速度的变化，气体渗流有时满足线性渗流规律，有时则需要用非线性渗流规律来描述。建立综合渗流微分方程时，应首先判断气体满足哪一种渗流规律。

2. 气体状态方程

与液体相比，气体具有更大的压缩性，气体体积和密度明显受到压力和温度等因素的影响。描述一定量气体体积和压力、温度以及组分之间变化关系的方程，称为气体状态方程。

理想气体的状态方程可用波义耳—盖吕萨克定律来表示。对于理想气体有：

$$pV=nRT \tag{1.2.12}$$

或

$$\rho = \frac{pM}{nRT} \tag{1.2.13}$$

式中　V——体积，m^3；

　　　n——气体物质的量，mol；

　　　R——普适气体常数，$8.314Pa \cdot m^3/（mol \cdot K）$；

　　　M——气体摩尔质量，kg/mol。

　　理想气体状态方程只适用于低压高温条件下的气体。实践表明，真实气体的压缩性与理想气体存在一定差别，这是因为真实气体分子本身具有一定的体积，分子间存在引力和斥力。因此与理想气体相比，真实气体的压缩性会产生一定的偏差，这种偏差可以通过引入一个偏差系数 Z 来描述。对于真实气体，其状态方程可写为：

$$pV=ZnRT \tag{1.2.14}$$

或

$$\rho = \frac{pM}{ZnRT} \tag{1.2.15}$$

式中　Z——气体偏差系数，是压力和气体温度的函数，无因次。

3. 连续性方程

　　渗流过程必须遵循质量守恒原理。根据质量守恒原理，取微元体进行分析，可得到对于不含源汇项的单相气体渗流，连续性方程为：

$$\frac{\partial(\rho\phi)}{\partial t} + \nabla \cdot (\rho v) = 0 \tag{1.2.16}$$

式中　∇——散度算子。

　　式（1.2.16）可展开写为：

$$\frac{\partial(\rho v_x)}{\partial x} + \frac{\partial(\rho v_y)}{\partial y} + \frac{\partial(\rho v_z)}{\partial z} = -\frac{\partial(\rho\phi)}{\partial t} \tag{1.2.17}$$

　　对于平面径向流，式（1.2.17）可写为：

$$\frac{1}{r}\frac{\partial}{\partial r}(r\rho v) = -\frac{\partial(\rho\phi)}{\partial t} \tag{1.2.18}$$

二、气体渗流微分方程的一般形式

　　上述基本方程只是分别孤立描述了渗流过程中所涉及的物理现象的各个层面。因此，还需要通过一定的综合方程把这几方面的物理现象的内在联系同时表达出来。一般地，以气体渗流连续性方程作为综合方程，把运动方程和气体状态方程都带入连续性方程中，可将方程中的变量 ρ 和 v 消去，最终可得到只含压力 p 的偏微分方程（组）。求解该偏微分方程（组），可得到气体渗流过程中压力 p 及渗流速度 v 的变化规律。下面以连续性方程为基础，利用真实气体状态方程和运动方程来推导得到单一介质气藏中气体渗流微分方程的一般形式。

假设真实气体渗流过程满足以下条件：

（1）单相气体等温渗流；

（2）渗流过程符合达西定律并忽略垂向上重力的影响；

（3）孔隙介质为均质且不可压缩，储层孔隙度及渗透率为常数。

基于上述假设条件，将式（1.2.1）、式（1.2.15）代入式（1.2.16），可得到：

$$\nabla \cdot \left(\frac{pM}{ZnRT} \frac{K}{\mu} \nabla p \right) = \frac{\partial}{\partial t} \left(\frac{pM}{ZnRT} \phi \right) \tag{1.2.19}$$

对式（1.2.19）进行化简，可得到：

$$\nabla \cdot \left(\frac{K}{\mu} \frac{p}{Z} \nabla p \right) = \phi \frac{\partial}{\partial t} \left(\frac{p}{Z} \right) \tag{1.2.20}$$

将式（1.2.20）右端展开，并利用气体压缩系数的定义，可得到：

$$\phi \frac{\partial}{\partial t} \left(\frac{p}{Z} \right) = \phi \frac{p}{Z} \left(\frac{1}{p} - \frac{1}{Z} \frac{\partial Z}{\partial p} \right) \frac{\partial p}{\partial t} = \phi C_g \frac{p}{Z} \frac{\partial p}{\partial t} \tag{1.2.21}$$

式中 C_g——气体等温压缩系数，Pa^{-1}。

将式（1.2.21）代入式（1.2.20）得到：

$$\nabla \cdot \left(\frac{p}{\mu Z} \nabla p \right) = \frac{\phi C_g}{K} \frac{p}{Z} \frac{\partial p}{\partial t} \tag{1.2.22}$$

式（1.2.22）即为等温渗流条件下，均质地层中真实气体不稳定渗流方程的一般形式。对于真实气体，μ 和 Z 都是压力的函数，因此式（1.2.22）是一个非线性偏微分方程，通常只能采用数值方法进行求解。在进行进一步的假设以后，上述一般形式的不稳定渗流方程可简化写成不同形式的方程。

三、气体渗流微分方程的三种形式

通过对式（1.2.22）左端项进行不同的处理，可以得到三种形式下的气体不稳定渗流微分方程。

1. 拟压力形式

在式（1.2.22）中，由于 μ 和 Z 都是压力 p 的函数，因此不能提到算子之外。可以通过引入拟压力函数的概念，将其进行线性化。Al-Hussaing 等人定义拟压力的表达式如下：

$$\psi = 2 \int_{p_0}^{p} \frac{p}{\mu Z} dp \tag{1.2.23}$$

式中 ψ——真实气体的拟压力，$Pa^2/(Pa \cdot s)$；

p_0——参考压力，可任意选定，它对最终计算结果没有影响，Pa。

对式（1.2.23）可进行如下处理：

$$\nabla \psi = 2 \frac{p}{\mu Z} \nabla p \tag{1.2.24}$$

$$\frac{\partial \psi}{\partial t} = 2 \frac{p}{\mu Z} \frac{\partial p}{\partial t} \tag{1.2.25}$$

将式（1.2.24）、式（1.2.25）代入式（1.2.22），可以得到以拟压力形式表示的真实气体不稳定渗流微分方程：

$$\nabla^2 \psi = \frac{\phi \mu C_g}{K} \frac{\partial \psi}{\partial t} \tag{1.2.26}$$

式中　∇^2——拉普拉斯算子。

上述偏微分方程右端项中的 μ 和 C_g 是压力的函数，因此仍然是非线性的。

2. 压力形式

根据复合函数求导法则，对式（1.2.22）左端展开得：

$$\begin{aligned}
\nabla \cdot \left(\frac{p}{\mu Z} \nabla p \right) &= \frac{p}{\mu Z} \nabla^2 p + \nabla p \cdot \nabla \left(\frac{p}{\mu Z} \right) \\
&= \frac{p}{\mu Z} \left[\nabla^2 p - \frac{\mathrm{d}}{\mathrm{d}p} \left(\ln \frac{\mu Z}{p} \right) (\nabla p)^2 \right]
\end{aligned} \tag{1.2.27}$$

将式（1.2.27）代入式（1.2.22）并整理，可得：

$$\nabla^2 p - \frac{\mathrm{d}}{\mathrm{d}p} \left(\ln \frac{\mu Z}{p} \right) (\nabla p)^2 = \frac{\phi \mu C_g}{K} \frac{\partial p}{\partial t} \tag{1.2.28}$$

根据气体渗流特点，可对式（1.2.28）进行相应的化简。

（1）气体在渗流过程中压力梯度很小，与其他项相比，$(\nabla p)^2$ 可忽略，则式（1.2.28）可简化为：

$$\nabla^2 p = \frac{\phi \mu C_g}{K} \frac{\partial p}{\partial t} \tag{1.2.29}$$

（2）高压条件下，$p/(\mu Z)$ 可近似认为等于常数，此时式（1.2.28）也可化简为式（1.2.29）。

式（1.2.29）即为以压力形式表达的气体不稳定渗流微分方程，它具有和液体渗流偏微分方程一致的表达式，但需要注意的是，方程右端的 μ 和 C_g 是压力的函数，因此式（1.2.29）仍然是非线性的。

3. 压力平方形式

根据算子运算规则，式（1.2.22）也可写成如下形式：

$$\nabla^2 p^2 - \frac{\mathrm{d}}{\mathrm{d}p^2} \left[\ln(\mu Z) \right] (\nabla p^2)^2 = \frac{\phi \mu C_g}{K} \frac{\partial p^2}{\partial t} \tag{1.2.30}$$

式（1.2.30）在以下两种情况下，也可以简化成与式（1.2.29）类似的形式。

（1）气体在渗流过程中压力梯度很小，与其他项相比，$(\nabla p^2)^2$ 可忽略，则式（1.2.30）可简化为：

$$\nabla^2 p^2 = \frac{\phi \mu C_{\mathrm{g}}}{K} \frac{\partial p^2}{\partial t} \tag{1.2.31}$$

（2）低压条件下，μZ 可近似认为等于常数，此时式（1.2.30）也可化简为式（1.2.31）。

式（1.2.31）即为以压力平方形式表达的气体不稳定渗流微分方程，与式（1.2.29）类似，它也是非线性偏微分方程。

对比上述三种不同形式的气体不稳定渗流微分方程，可看出拟压力形式的气体不稳定渗流方程由于未附加"压力梯度很小"、"$p/$（μZ）等于常数"和"μZ 等于常数"等假设条件，因而是更为严谨也更具一般性的气体不稳定渗流微分方程。压力及压力平方形式的渗流方程都可由拟压力形式的渗流方程变化得到。

四、气体渗流微分方程的线性化

前面推导得到的三种不同形式下的气体不稳定渗流微分方程仍然是非线性方程，为了方便求解，有时需要对上述三种非线性方程进行线性化处理。通常的处理方法如下：

对于以拟压力形式表示的气体渗流微分方程，通常取 μ 和 C_{g} 为初始状态下的值对其进行线性化处理：

$$\nabla^2 \psi = \frac{\phi \mu_{\mathrm{i}} C_{\mathrm{gi}}}{K} \frac{\partial \psi}{\partial t} \tag{1.2.32}$$

对于以压力及压力平方形式表示的气体渗流微分方程，通常取 μ 和 C_{g} 为平均压力下计算出的黏度和压缩系数值，以对其进行线性化处理：

$$\nabla^2 p = \frac{\phi \bar{\mu} \bar{C}_{\mathrm{g}}}{K} \frac{\partial p}{\partial t} \tag{1.2.33}$$

$$\nabla^2 p^2 = \frac{\phi \bar{\mu} \bar{C}_{\mathrm{g}}}{K} \frac{\partial p^2}{\partial t} \tag{1.2.34}$$

式中　$\bar{\mu}$——平均压力下的气体黏度，$Pa \cdot s$；

　　　$\bar{C}_{\mathrm{g}}$——平均压力下的气体等温压缩系数，Pa^{-1}。

经过上述处理，三种形式下的气体渗流偏微分方程都简化为线性偏微分方程，便于对气体不稳定渗流模型进行求解。

第三节　双重介质气藏试井分析基本理论

根据双重介质的定义，双重介质由基质岩块系统和裂缝系统组成。两种介质系统的渗流场分别满足各自的运动方程、状态方程和连续性方程，但两种介质系统之间存在流体的质量交换，该质量交换可在连续性方程中用一源或汇项来描述。双重介质气藏的不稳定渗流微分方程的建立过程与单一介质气藏类似。

一、双重介质气藏特征参数

与单一介质气藏相比，描述双重介质的渗流过程还需要用到以下两个参数。

1. 弹性储容比 ω

弹性储容比是用来描述裂缝与基质两个系统的弹性储容能力的相对大小的物理量，它被定义为裂缝系统的弹性储容能力与气藏总系统弹性储容能力之比：

$$\omega = \frac{\left(\phi C_{\mathrm{g}}\right)_{\mathrm{f}}}{\left(\phi C_{\mathrm{g}}\right)_{\mathrm{f+m}}} \tag{1.3.1}$$

式中　f，m——裂缝系统和基质系统。

裂缝系统孔隙度占总孔隙度比例越大，弹性储容比 ω 就越大。

2. 窜流系数 λ

气体在双重介质气藏中渗流时，基质系统和裂缝系统之间存在着质量交换，窜流系数就是描述这种质量交换的物理量，它反映基质中气体向裂缝系统窜流的能力。它的定义为：

$$\lambda = \alpha \frac{K_{\mathrm{m}}}{K_{\mathrm{f}}} r_{\mathrm{w}}^2 \tag{1.3.2}$$

式中　K_{m}——基质渗透率，m^2；

　　　α——形状因子，基质岩块越小，裂缝密度越大，则形状因子越大，反之亦然。

从窜流系数的定义可以看出，窜流系数的大小既与裂缝与裂缝渗透率的比值有关，又与裂缝分布密度有关。

二、双重介质气藏基本方程

双重介质气藏渗流微分方程的建立仍然由运动方程、气体状态方程和连续性方程联立得到。

1. 运动方程

假设裂缝系统和基质系统均质各向同性，气体在裂缝与基质中的渗流均满足达西定律，相应的运动方程可写为：

$$v_{\mathrm{f}} = -\frac{K_{\mathrm{f}}}{\mu} \nabla p_{\mathrm{f}} \tag{1.3.3}$$

$$v_{\mathrm{m}} = -\frac{K_{\mathrm{m}}}{\mu} \nabla p_{\mathrm{m}} \tag{1.3.4}$$

式中　p_{f}——裂缝压力，Pa；

　　　p_{m}——基质压力，Pa；

　　　v_{f}——裂缝中气体渗流速度，m/s；

　　　v_{m}——基质中气体渗流速度，m/s。

在笛卡儿坐标系中，式（1.3.3）、式（1.3.4）可展开为：

$$v_{jx} = -\frac{K_{jx}}{\mu} \frac{\partial p_j}{\partial x} \tag{1.3.5}$$

$$v_{jy} = -\frac{K_{jy}}{\mu} \frac{\partial p_j}{\partial y} \tag{1.3.6}$$

$$v_{jz} = -\frac{K_{jz}}{\mu}\left(\frac{\partial p_j}{\partial z} + \rho_j g\right) \tag{1.3.7}$$

式中，j=f，m 分别代表裂缝和基质系统性质。

2. 气体状态方程

与单一介质气藏类似，真实气体的状态方程可用式（1.2.14）或式（1.2.15）来描述，式中的压力分别取裂缝系统压力和基质系统压力即可。

3. 连续性方程

根据质量守恒方程，可推导得到裂缝系统和基质系统的连续性方程。与单一介质不同的是，由于窜流的影响，在裂缝系统的连续性方程中多了一个源项，而在基质系统的连续性方程中多了一个汇项，即：

$$\frac{\partial(\rho_f \phi_f)}{\partial t} + \nabla \cdot (\rho_f \boldsymbol{v}_f) - q^* = 0 \tag{1.3.8}$$

$$\frac{\partial(\rho_f \phi_m)}{\partial t} + \nabla \cdot (\rho_f \boldsymbol{v}_m) + q^* = 0 \tag{1.3.9}$$

式中　q^*——单位体积岩石中单位时间内基质向裂缝的窜流量，kg（s·m³）；

　　　ρ_f——裂缝中天然气密度，kg/m³；

　　　ρ_m——基质中天然气密度，kg/m³。

对于拟稳态窜流，窜流量可由下式计算：

$$q^* = \alpha \frac{\rho_0 K_m}{\mu}(p_m - p_f) \tag{1.3.10}$$

三、双重介质气藏渗流微分方程

推导双重介质气藏渗流微分方程的方法与单一介质气藏渗流微分方程的步骤类似，只需分别将基质系统和裂缝系统的运动方程和状态方程代入相应的连续性方程，再经过必要的化简即可。

由于拟压力形式的气体不稳定渗流微分方程更具有一般性，因此此处只给出以拟压力形式表示的双重介质气藏不稳定渗流微分方程。

$$\nabla^2 \psi_f + \alpha \frac{K_m}{K_f}(\psi_m - \psi_f) = \frac{(\phi C_g)_f \mu}{K_f}\frac{\partial \psi_f}{\partial t} \tag{1.3.11}$$

$$\nabla^2 \psi_m - \alpha(\psi_m - \psi_f) = \frac{(\phi C_g)_m \mu}{K_m}\frac{\partial \psi_m}{\partial t} \tag{1.3.12}$$

与裂缝系统相比，基质系统的渗透率很小，可忽略流体在基质系统中的流动，即在双重介质系统中，基质只作为源向裂缝系统提供流体，则基质系统的渗流微分方程式（1.3.12）可简化为如下形式：

$$-\alpha(\psi_m - \psi_f) = \frac{(\phi C_g)_m \mu}{K_m}\frac{\partial \psi_m}{\partial t} \tag{1.3.13}$$

第二章　径向复合气藏试井理论

实际气藏往往具有一定程度的非均质性，储层物性、流体物性在平面上会发生变化，各处的储层有效厚度也不相等。此外，由于钻井、完井过程中的污染或是由于压裂酸化等措施，也会导致近井地带和远井地带的储层物性差异。在裂缝性储层中，由于储层裂缝分布不均匀，也会导致储层特性的非均质性。

径向复合气藏模型是一个很好的对该类型气藏进行不稳定压力动态分析的工具。径向复合气藏是指储层中存在有多个储层性质及流体性质不同的同心环状区域，储层岩石和流体的性质沿径向发生突变，气藏中存在若干径向不连续界面。通常，将只有一个不连续界面的气藏称为两区径向复合气藏，将有两个及两个以上不连续界面的气藏称为多区径向复合气藏。

径向复合气藏由两个或多个同心圆组成，具体取决于气藏中不连续界面的多少。本章从渗流基本理论出发，对含有多个不连续界面的多区径向复合气藏不稳定试井理论模型进行了推导，两区径向复合气藏模型是其中的一种特例。

第一节　单一介质径向复合气藏试井理论

一、单一介质径向复合气藏渗流物理模型和假设

考虑一顶底封闭的水平圆形地层，井位于圆心处。建立渗流数学模型时，需进行如下假设：

（1）地层被划分为 n 个环状区域，各区域的储层物性及流体性质均不同（渗透率 K、孔隙度 ϕ、储层厚度 h、压缩系数 C_g、流体黏度 μ 等），地层厚度沿径向发生变化，n 值越大，这种近似划分就越接近实际地层厚度变化情况，但各区内均为均质地层，渗透率 K 和孔隙度 ϕ 等地层参数不随压力变化；

（2）单相等温渗流，忽略多孔介质的压缩性；

（3）气井以定产量 q_{sc} 生产，开井前各处地层压力相等，均为原始地层压力 p_i；

（4）考虑井筒储集效应和表皮效应的影响；

（5）各区流体渗流过程均符合线性渗流规律并忽略重力影响；

（6）忽略区域界面宽度，假设储层物性在界面处发生突变，且界面处不存在流动阻力。

多区不等厚径向复合气藏地质模型示意图如图 2.1.1 所示。

二、单一介质径向复合气藏试井解释数学模型及求解

1. 单一介质径向复合气藏试井解释数学模型

依据上述渗流物理模型，以渗流力学理论为基础，即可推导得到考虑井储效应和表皮

效应影响的多区不等厚径向复合气藏无因次试井解释数学模型。

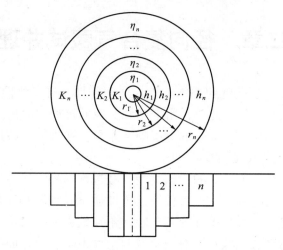

图 2.1.1　多区不等厚径向复合气藏地质模型示意图

（1）渗流微分方程。在径向坐标系下，第 j 个环状区域内渗流微分方程可写为：

$$\frac{1}{r_{\mathrm{D}}}\frac{\partial}{\partial r_{\mathrm{D}}}\left(r_{\mathrm{D}}\frac{\partial p_{j\mathrm{D}}}{\partial r_{\mathrm{D}}}\right)=\frac{1}{\eta_{\mathrm{D}j}}\frac{1}{C_{\mathrm{D}}\mathrm{e}^{2S}}\frac{\partial p_{j\mathrm{D}}}{\partial\left(t_{\mathrm{D}}/C_{\mathrm{D}}\right)}，\quad r_{(j-1)\mathrm{D}}\leqslant r_{\mathrm{D}}\leqslant r_{j\mathrm{D}} \tag{2.1.1}$$

式中　j——第 j 个环状区域内的储层和流体物性，j=1，2，…，n；

　　　$r_{j\mathrm{D}}$——第 j 区无因次外半径，j=1，2，…，n，无因次；

　　　$\eta_{\mathrm{D}j}$——导压系数比，j=1，2，…，n，无因次。

（2）初始条件：

$$p_{j\mathrm{D}}\big|_{t_{\mathrm{D}}=0}=0 \tag{2.1.2}$$

（3）内边界条件。考虑井筒储集效应和表皮效应的内边界条件为：

$$\frac{\partial p_{\mathrm{wfD}}}{\partial\left(t_{\mathrm{D}}/C_{\mathrm{D}}\right)}-\left(r_{\mathrm{D}}\frac{\partial p_{1\mathrm{D}}}{\partial r_{\mathrm{D}}}\right)_{r_{\mathrm{D}}=1}=1 \tag{2.1.3}$$

$$p_{\mathrm{wfD}}=p_{1\mathrm{D}}\big|_{r_{\mathrm{D}}=1} \tag{2.1.4}$$

（4）外边界条件。对于无限大地层：

$$\lim_{r_{\mathrm{D}}\to\infty}p_{n\mathrm{D}}\left(r_{\mathrm{D}},t_{\mathrm{D}}\right)=0 \tag{2.1.5}$$

对于圆形定压外边界：

$$p_{n\mathrm{D}}\big|_{r_{\mathrm{D}}=r_{n\mathrm{D}}}=0 \tag{2.1.6}$$

对于圆形封闭外边界：

$$\frac{\partial p_{n\mathrm{D}}}{\partial r_{\mathrm{D}}}\bigg|_{r_{\mathrm{D}}=r_{n\mathrm{D}}}=0 \tag{2.1.7}$$

（5）连接条件。在不连续界面处，应该满足压力相等与流量相等条件：

$$p_{jD}\big|_{r_D=r_{jD}} = p_{(j+1)D}\big|_{r_D=r_{jD}} \tag{2.1.8}$$

$$\frac{\partial p_{jD}}{\partial r_D}\bigg|_{r_D=r_{jD}} = h_{Dj}M_j\frac{\partial p_{(j+1)D}}{\partial r_D}\bigg|_{r_D=r_{jD}} \tag{2.1.9}$$

式中　M_j——流度比，$j=1$，2，$\cdots$，$n-1$，无因次；

　　　h_{Dj}——厚度比，$j=1$，2，$\cdots$，$n-1$，无因次。

上述复合模型中涉及的无因次变量均是基于第一区（$j=1$）的储层和流体物性而定义的，具体表达式如下所示：

$$p_{jD} = \frac{\pi K_1 h_1 T_{sc}}{q_{sc}p_{sc}T}(\psi_i - \psi_j)，\; j=1，2，\cdots，n，\quad p_{wfD} = \frac{\pi K_1 h_1 T_{sc}}{q_{sc}p_{sc}T}(\psi_i - \psi_{wf})$$

$$t_D = \frac{K_1 t}{\phi_1 \mu_{1,i}C_{g1,i}r_w^2}，\quad C_D = \frac{C}{2\pi h_1 \phi_1 C_{g1,i}r_w^2}，\quad r_D = \frac{r}{r_w e^{-S}}$$

$$M_j = \frac{K_{j+1}}{K_j}，\quad h_{Dj} = \frac{h_{j+1}}{h_j}，\quad \eta_{Dj} = \frac{k_j/(\phi_j \mu_{j,i}C_{gj,i})}{k_1/(\phi_1 \mu_{1,i}C_{g1,i})}$$

2. 单一介质径向复合气藏试井解释数学模型的求解

对上述无因次试井模型的求解需要用到拉普拉斯变换方法。

1）拉普拉斯变换及数值反演

函数 $f(t)$ 的拉普拉斯变换定义为：

$$\bar{f}(u) = L[f(t)] = \int_0^\infty f(t)e^{-ut}dt \tag{2.1.10}$$

式中，u 为拉普拉斯变换变量，$\bar{f}(u)$ 称为函数 $f(t)$ 的变换函数或象函数，而 $f(t)$ 称为 $\bar{f}(u)$ 的原函数。

拉普拉斯变换的反演主要有两种方法：解析反演和数值反演。解析反演主要是利用拉普拉斯变换表或围道积分方法进行反演，其中，利用已有变换表进行解析反演只适用于某些特定的函数，很有局限性，而用围道积分进行解析反演计算起来又相当麻烦。在试井分析中所遇到的变换函数或象函数往往是相当复杂的，用解析反演法很难以求得其原函数。常用的是利用基于函数概率密度理论的 Stehfest 数值反演方法对拉普拉斯变换进行数值反演。

Stehfest 反演公式如下：

$$f(t) = \frac{\ln 2}{t}\sum_{i=1}^N V_i \bar{f}\left(\frac{\ln 2}{t}i\right) \tag{2.1.11}$$

对于给定的时刻 t，将 $\bar{f}(u)$ 中的 u 用 $\dfrac{\ln 2}{t}i$ 代替，就可以得到在 t 时刻对应的原函数 $f(t)$ 的数值。其中，V_i 可由下式进行计算：

$$V_i = (-1)^{\frac{N}{2}+i} \sum_{k=\left[\frac{i+1}{2}\right]}^{\min\left(i,\frac{N}{2}\right)} \frac{k^{N/2}(2k+1)!}{(k+1)!k!\left(\frac{N}{2}-k+1\right)!(i-k+1)!(2k-i+1)!} \tag{2.1.12}$$

式（2.1.12）中，N 为偶数。N 的选取对于计算精度有很大影响，从理论上来讲，N 值越大，精度越高。但计算实践表明，N 值取得过大（$N > 16$ 时）反而会降低计算精度。在大多数情况下，取 $N=6$ 或 8 是比较合适的。

2）试井解释数学模型的求解

对上述无因次数学模型取基于 t_D/C_D 的拉普拉斯变换，可得到如下拉普拉斯空间内的试井解释数学模型。

（1）渗流微分方程：

$$\frac{\mathrm{d}^2 \overline{p}_{jD}}{\mathrm{d}r_D^2} + \frac{1}{r_D}\frac{\mathrm{d}\overline{p}_{jD}}{\mathrm{d}r_D} - \frac{u}{\eta_{Dj}C_D \mathrm{e}^{2S}}\overline{p}_{jD} = 0 , \quad r_{(j-1)\,D} \leqslant r_D \leqslant r_{jD} \tag{2.1.13}$$

（2）内边界条件：

$$u\overline{p}_{wfD} - \left(r_D\frac{\mathrm{d}\overline{p}_{1D}}{\mathrm{d}r_D}\right)_{r_D=1} = \frac{1}{u} \tag{2.1.14}$$

$$\overline{p}_{wfD} = \overline{p}_{1D}\big|_{r_D=1} \tag{2.1.15}$$

（3）外边界条件：

$$\lim_{r_D\to\infty} \overline{p}_{nD}(r_D,u) = 0 \quad （无限大外边界） \tag{2.1.16}$$

$$\overline{p}_{nD}\big|_{r_D=r_{nD}} = 0 \quad （定压外边界） \tag{2.1.17}$$

$$\frac{\mathrm{d}\overline{p}_{nD}}{\mathrm{d}r_D}\bigg|_{r_D=r_{nD}} = 0 \quad （封闭外边界） \tag{2.1.18}$$

（4）连接条件：

$$\overline{p}_{jD}\big|_{r_D=r_{jD}} = \overline{p}_{(j+1)D}\big|_{r_D=r_{jD}} \tag{2.1.19}$$

$$\frac{\mathrm{d}\overline{p}_{jD}}{\mathrm{d}r_D}\bigg|_{r_D=r_{jD}} = h_{Dj}M_j\frac{\mathrm{d}\overline{p}_{(j+1)D}}{\mathrm{d}r_D}\bigg|_{r_D=r_{jD}} \tag{2.1.20}$$

式中 u——基于 t_D/C_D 的拉普拉斯变量；

$\overline{p}_{jD}$——拉普拉斯空间内第 j 区无因次压力，$j=1$，2，$\cdots$，n；

$\overline{p}_{wfD}$——拉普拉斯空间内无因次井底流压。

方程（2.1.13）为零阶虚宗量的 Bessel 方程，根据 Bessel 函数理论，可得到其通解为：

$$\overline{p}_{jD} = A_j\mathrm{I}_0\left(r_D\sqrt{\frac{u}{\eta_{Dj}C_D\mathrm{e}^{2S}}}\right) + B_j\mathrm{K}_0\left(r_D\sqrt{\frac{u}{\eta_{Dj}C_D\mathrm{e}^{2S}}}\right) \tag{2.1.21}$$

对其求导，可得到：

$$\frac{\mathrm{d}\overline{p}_{jD}}{\mathrm{d}r_{D}} = A_j\sqrt{\frac{u}{\eta_{Dj}C_D\mathrm{e}^{2S}}}\mathrm{I}_1\left(r_D\sqrt{\frac{u}{\eta_{Dj}C_D\mathrm{e}^{2S}}}\right) - B_j\sqrt{\frac{u}{\eta_{Dj}C_D\mathrm{e}^{2S}}}\mathrm{K}_1\left(r_D\sqrt{\frac{u}{\eta_{Dj}C_D\mathrm{e}^{2S}}}\right) \tag{2.1.22}$$

式中　A_j，B_j——待定系数，$j=1$，2，$\cdots$，n，由界面连续条件和边界条件联立确定；

I_0（　），K_0（　）——零阶第一类和第二类虚宗量 Bessel 函数；

I_1（　），K_1（　）——一阶第一类和第二类虚宗量 Bessel 函数。

由内边界条件式（2.1.14）、式（2.1.15）可得：

$$u\overline{p}_{wfD} - A_1\sqrt{\frac{u}{C_D\mathrm{e}^{2S}}}\mathrm{I}_1\left(\sqrt{\frac{u}{C_D\mathrm{e}^{2S}}}\right) + B_1\sqrt{\frac{u}{C_D\mathrm{e}^{2S}}}\mathrm{K}_1\left(\sqrt{\frac{u}{C_D\mathrm{e}^{2S}}}\right) = \frac{1}{u} \tag{2.1.23}$$

$$A_1\mathrm{I}_0\left(\sqrt{\frac{u}{C_D\mathrm{e}^{2S}}}\right) + B_1\mathrm{K}_0\left(\sqrt{\frac{u}{C_D\mathrm{e}^{2S}}}\right) - \overline{p}_{wfD} = 0 \tag{2.1.24}$$

由不连续界面连接条件式（2.1.19）、式（2.1.20）可得：

$$A_j\mathrm{I}_0\left(r_{jD}\sqrt{\frac{u}{\eta_{Dj}C_D\mathrm{e}^{2S}}}\right) + B_j\mathrm{K}_0\left(r_{jD}\sqrt{\frac{u}{\eta_{Dj}C_D\mathrm{e}^{2S}}}\right) - A_{j+1}\mathrm{I}_0\left(r_{jD}\sqrt{\frac{u}{\eta_{D(j+1)}C_D\mathrm{e}^{2S}}}\right)$$
$$- B_{j+1}\mathrm{K}_0\left(r_{jD}\sqrt{\frac{u}{\eta_{D(j+1)}C_D\mathrm{e}^{2S}}}\right) = 0 \tag{2.1.25}$$

$$A_j\mathrm{I}_1\left(r_{jD}\sqrt{\frac{u}{\eta_{Dj}C_D\mathrm{e}^{2S}}}\right) - B_j\mathrm{K}_1\left(r_{jD}\sqrt{\frac{u}{\eta_{Dj}C_D\mathrm{e}^{2S}}}\right) - h_{Dj}M_jA_{j+1}\sqrt{\frac{\eta_{Dj}}{\eta_{D(j+1)}}}\mathrm{I}_1\left(r_{jD}\sqrt{\frac{u}{\eta_{D(j+1)}C_D\mathrm{e}^{2S}}}\right)$$
$$+ h_{Dj}M_jB_{j+1}\sqrt{\frac{\eta_{Dj}}{\eta_{D(j+1)}}}\mathrm{K}_1\left(r_{jD}\sqrt{\frac{u}{\eta_{D(j+1)}C_D\mathrm{e}^{2S}}}\right) = 0 \tag{2.1.26}$$

由外边界条件式（2.1.16）至式（2.1.18）可得：

$$A_n=0\text{（无限大外边界）} \tag{2.1.27}$$

$$A_n\mathrm{I}_0\left(r_{nD}\sqrt{\frac{u}{\eta_{Dn}C_D\mathrm{e}^{2S}}}\right) + B_n\mathrm{K}_0\left(r_{nD}\sqrt{\frac{u}{\eta_{Dn}C_D\mathrm{e}^{2S}}}\right) = 0\text{（定压外边界）} \tag{2.1.28}$$

$$A_n\mathrm{I}_1\left(r_{nD}\sqrt{\frac{u}{\eta_{Dn}C_D\mathrm{e}^{2S}}}\right) - B_n\mathrm{K}_1\left(r_{nD}\sqrt{\frac{u}{\eta_{Dn}C_D\mathrm{e}^{2S}}}\right) = 0\text{（封闭外边界）} \tag{2.1.29}$$

式（2.1.23）至式（2.1.29）为关于系数 A_j，B_j（$j=1$，2，$\cdots$，n）及 $\overline{p}_{wfD}$ 的线性方程组，求解可得到拉普拉斯空间内无因次井底压力表达式 $\overline{p}_{wfD}$。下面给出三种不同外边界条件下的线性方程组的具体表达形式。

对于无限大外边界，根据式（2.1.23）至式（2.1.27）可得到无限大外边界所对应的拉

普拉斯空间内的 $2n$ 阶线性方程组，用矩阵形式可表示如下：

$$\begin{bmatrix} a_{11} & a_{12} & \cdots & a_{1,2n-1} & a_{1,2n} \\ a_{21} & a_{22} & \cdots & a_{2,2n-1} & a_{2,2n} \\ \vdots & \vdots & \vdots & \vdots & \vdots \\ \vdots & \vdots & \vdots & \vdots & \vdots \\ \vdots & \vdots & \vdots & \vdots & \vdots \\ a_{2n,1} & a_{2n,2} & \cdots & a_{2n,2n} & a_{2n,2n} \end{bmatrix} \begin{bmatrix} A_1 \\ B_1 \\ \vdots \\ B_{n-1} \\ B_n \\ \overline{p}_{\mathrm{wfD}} \end{bmatrix} = \begin{bmatrix} -1/u \\ 0 \\ \vdots \\ 0 \\ 0 \\ 0 \end{bmatrix} \tag{2.1.30}$$

式中

$$a_{11} = \sqrt{\frac{u}{C_\mathrm{D}\mathrm{e}^{2S}}}\,\mathrm{I}_1\left(\sqrt{\frac{u}{C_\mathrm{D}\mathrm{e}^{2S}}}\right), \quad a_{12} = -\sqrt{\frac{u}{C_\mathrm{D}\mathrm{e}^{2S}}}\,\mathrm{K}_1\left(\sqrt{\frac{u}{C_\mathrm{D}\mathrm{e}^{2S}}}\right), \quad a_{1,2n} = -u$$

$$a_{21} = \mathrm{I}_0\left(\sqrt{\frac{u}{C_\mathrm{D}\mathrm{e}^{2S}}}\right), \quad a_{22} = \mathrm{K}_0\left(\sqrt{\frac{u}{C_\mathrm{D}\mathrm{e}^{2S}}}\right), \quad a_{2,2n} = -1$$

$$a_{i,k} = \mathrm{I}_0\left(r_{j\mathrm{D}}\sqrt{\frac{u}{\eta_{\mathrm{D}j}C_\mathrm{D}\mathrm{e}^{2S}}}\right), \quad a_{i,k+1} = \mathrm{K}_0\left(r_{j\mathrm{D}}\sqrt{\frac{u}{\eta_{\mathrm{D}j}C_\mathrm{D}\mathrm{e}^{2S}}}\right)$$

$$a_{i,k+2} = -\mathrm{I}_0\left(r_{j\mathrm{D}}\sqrt{\frac{u}{\eta_{\mathrm{D}(j+1)}C_\mathrm{D}\mathrm{e}^{2S}}}\right), \quad a_{i,k+3} = -\mathrm{K}_0\left(r_{j\mathrm{D}}\sqrt{\frac{u}{\eta_{\mathrm{D}(j+1)}C_\mathrm{D}\mathrm{e}^{2S}}}\right)$$

$$(i=j+2; \ k=2j-1; \ j=1, \ 2, \ \cdots, \ n-2)$$

$$a_{n+1,2n-3} = \mathrm{I}_0\left(r_{(n-1)\mathrm{D}}\sqrt{\frac{u}{\eta_{\mathrm{D}(n-1)}C_\mathrm{D}\mathrm{e}^{2S}}}\right), \quad a_{n+1,2n-2} = \mathrm{K}_0\left(r_{(n-1)\mathrm{D}}\sqrt{\frac{u}{\eta_{\mathrm{D}(n-1)}C_\mathrm{D}\mathrm{e}^{2S}}}\right)$$

$$a_{n+1,2n-1} = -\mathrm{K}_0\left(r_{(n-1)\mathrm{D}}\sqrt{\frac{u}{\eta_{\mathrm{D}n}C_\mathrm{D}\mathrm{e}^{2S}}}\right)$$

$$a_{i,k} = \mathrm{I}_1\left(r_{j\mathrm{D}}\sqrt{\frac{u}{\eta_{\mathrm{D}j}C_\mathrm{D}\mathrm{e}^{2S}}}\right), \quad a_{i,k+1} = -\mathrm{K}_1\left(r_{j\mathrm{D}}\sqrt{\frac{u}{\eta_{\mathrm{D}j}C_\mathrm{D}\mathrm{e}^{2S}}}\right)$$

$$a_{i,k+2} = -h_{\mathrm{D}j}M_j\sqrt{\frac{\eta_{\mathrm{D}j}}{\eta_{\mathrm{D}(j+1)}}}\,\mathrm{I}_1\left(r_{j\mathrm{D}}\sqrt{\frac{u}{\eta_{\mathrm{D}(j+1)}C_\mathrm{D}\mathrm{e}^{2S}}}\right)$$

$$a_{i,k+3} = h_{\mathrm{D}j}M_j\sqrt{\frac{\eta_{\mathrm{D}j}}{\eta_{\mathrm{D}(j+1)}}}\,\mathrm{K}_1\left(r_{j\mathrm{D}}\sqrt{\frac{u}{\eta_{\mathrm{D}(j+1)}C_\mathrm{D}\mathrm{e}^{2S}}}\right)$$

$$(i=j+n+1; \ k=2j-1; \ j=1, \ 2, \ \cdots, \ n-2)$$

$$a_{2n,2n-3} = \text{I}_1\left(r_{(n-1)\text{D}}\sqrt{\frac{u}{\eta_{\text{D}(n-1)}C_\text{D}\text{e}^{2S}}}\right), \quad a_{2n,2n-2} = -\text{K}_1\left(r_{(n-1)\text{D}}\sqrt{\frac{u}{\eta_{\text{D}(n-1)}C_\text{D}\text{e}^{2S}}}\right)$$

$$a_{2n,2n-1} = h_{\text{D}(n-1)}M_{n-1}\sqrt{\frac{\eta_{\text{D}(n-1)}}{\eta_{\text{D}n}}}\text{K}_1\left(r_{(n-1)\text{D}}\sqrt{\frac{u}{\eta_{\text{D}n}C_\text{D}\text{e}^{2S}}}\right)$$

系数矩阵中其余元素皆为零。

对于圆形定压外边界，根据式（2.1.23）至式（2.1.26）、式（2.1.28）可得到圆形定压外边界所对应的拉普拉斯空间内的 $2n+1$ 阶线性方程组，用矩阵形式可表示如下：

$$\begin{bmatrix} a_{11} & a_{12} & \cdots & a_{1,2n} & a_{1,2n+1} \\ a_{21} & a_{22} & \cdots & a_{2,2n} & a_{2,2n+1} \\ \vdots & \vdots & \vdots & \vdots & \vdots \\ \vdots & \vdots & \vdots & \vdots & \vdots \\ \vdots & \vdots & \vdots & \vdots & \vdots \\ a_{2n+1,1} & a_{2n+1,2} & \cdots & a_{2n+1,2n} & a_{2n+1,2n+1} \end{bmatrix}\begin{bmatrix} A_1 \\ B_1 \\ \vdots \\ A_n \\ B_n \\ \overline{p}_{\text{wfD}} \end{bmatrix} = \begin{bmatrix} -1/u \\ 0 \\ \vdots \\ 0 \\ 0 \\ 0 \end{bmatrix} \qquad (2.1.31)$$

式中 $\quad a_{11} = \sqrt{\dfrac{u}{C_\text{D}\text{e}^{2S}}}\text{I}_1\left(\sqrt{\dfrac{u}{C_\text{D}\text{e}^{2S}}}\right), \quad a_{12} = -\sqrt{\dfrac{u}{C_\text{D}\text{e}^{2S}}}\text{K}_1\left(\sqrt{\dfrac{u}{C_\text{D}\text{e}^{2S}}}\right), \quad a_{1,2n+1} = -u$

$$a_{21} = \text{I}_0\left(\sqrt{\frac{u}{C_\text{D}\text{e}^{2S}}}\right), \quad a_{22} = \text{K}_0\left(\sqrt{\frac{u}{C_\text{D}\text{e}^{2S}}}\right), \quad a_{2,2n+1} = -1$$

$$a_{i,k} = \text{I}_0\left(r_{j\text{D}}\sqrt{\frac{u}{\eta_{\text{D}j}C_\text{D}\text{e}^{2S}}}\right), \quad a_{i,k+1} = \text{K}_0\left(r_{j\text{D}}\sqrt{\frac{u}{\eta_{\text{D}j}C_\text{D}\text{e}^{2S}}}\right)$$

$$a_{i,k+2} = -\text{I}_0\left[r_{j\text{D}}\sqrt{\frac{u}{\eta_{\text{D}(j+1)}C_\text{D}\text{e}^{2S}}}\right], \quad a_{i,k+3} = -\text{K}_0\left[r_{j\text{D}}\sqrt{\frac{u}{\eta_{\text{D}(j+1)}C_\text{D}\text{e}^{2S}}}\right]$$

$(i=j+2；k=2j-1；j=1，2，\cdots，n-1)$

$$a_{i,k} = \text{I}_1\left(r_{j\text{D}}\sqrt{\frac{u}{\eta_{\text{D}j}C_\text{D}\text{e}^{2S}}}\right), \quad a_{i,k+1} = -\text{K}_1\left(r_{j\text{D}}\sqrt{\frac{u}{\eta_{\text{D}j}C_\text{D}\text{e}^{2S}}}\right)$$

$$a_{i,k+2} = -h_{\text{D}j}M_j\sqrt{\frac{\eta_{\text{D}j}}{\eta_{\text{D}(j+1)}}}\text{I}_1\left[r_{j\text{D}}\sqrt{\frac{u}{\eta_{\text{D}(j+1)}C_\text{D}\text{e}^{2S}}}\right]$$

$$a_{i,k+3} = h_{\text{D}j}M_j\sqrt{\frac{\eta_{\text{D}j}}{\eta_{\text{D}(j+1)}}}\text{K}_1\left[r_{j\text{D}}\sqrt{\frac{u}{\eta_{\text{D}(j+1)}C_\text{D}\text{e}^{2S}}}\right]$$

$(i=j+n+1；k=2j-1；j=1，2，\cdots，n-1)$

$$a_{2n+1,2n-1} = I_0\left(r_{nD}\sqrt{\frac{u}{\eta_{Dn}C_D e^{2S}}}\right), \quad a_{2n+1,2n} = K_0\left(r_{nD}\sqrt{\frac{u}{\eta_{Dn}C_D e^{2S}}}\right)$$

系数矩阵中其余元素皆为零。

对于圆形封闭外边界，根据式（2.1.23）至式（2.1.26）、式（2.1.29）可得到圆形封闭外边界所对应的拉普拉斯空间内的 $2n+1$ 阶线性方程组，用矩阵形式可表示如下：

$$\begin{bmatrix} a_{11} & a_{12} & \cdots & a_{1,2n} & a_{1,2n+1} \\ a_{21} & a_{22} & \cdots & a_{2,2n} & a_{2,2n+1} \\ \vdots & \vdots & \vdots & \vdots & \vdots \\ \vdots & \vdots & \vdots & \vdots & \vdots \\ \vdots & \vdots & \vdots & \vdots & \vdots \\ a_{2n+1,1} & a_{2n+1,2} & \cdots & a_{2n+1,2n} & a_{2n+1,2n+1} \end{bmatrix} \begin{bmatrix} A_1 \\ B_1 \\ \vdots \\ A_n \\ B_n \\ \bar{p}_{wfD} \end{bmatrix} = \begin{bmatrix} -1/u \\ 0 \\ \vdots \\ 0 \\ 0 \\ 0 \end{bmatrix} \tag{2.1.32}$$

式中，$a_{2n+1,2n-1} = I_1\left(r_{nD}\sqrt{\frac{u}{\eta_{Dn}C_D e^{2S}}}\right)$，$a_{2n+1,2n} = -K_1\left(r_{nD}\sqrt{\frac{u}{\eta_{Dn}C_D e^{2S}}}\right)$，系数矩阵中其余系数取值同圆形定压外边界。

三、单一介质径向复合气藏典型曲线特征分析

对线性方程组式（2.1.30）至式（2.1.32）进行求解，可得到拉普拉斯空间内无因次井底压力 $\bar{p}_{wfD}$。采用 Stehfest 数值反演方法对其进行拉普拉斯逆变换，可得到实空间内的无因次井底拟压力 p_{wfD} 的数值解，从而可以绘制相应的典型曲线。下面就典型曲线特征和相关影响因素进行分析。为简化讨论，取 $n=2$ 为例进行分析，但本章提出的方法适用于 n 取任意有限值的情况。

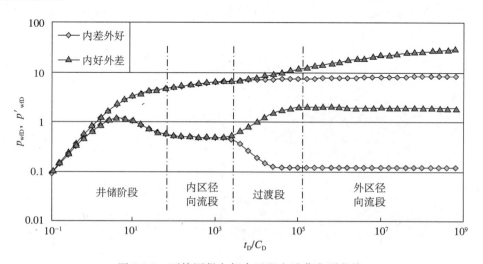

图 2.1.2　不等厚径向复合无限大油藏典型曲线

图 2.1.2 为不等厚径向复合无限大油藏典型曲线。从图中可以看出，流动阶段被明显地分成五段：（1）井筒储集效应阶段，压力与压力导数曲线均表现为斜率为 1 的直线；

（2）井储后过渡段，压力导数曲线上出现"驼峰"，该阶段持续时间的长短取决于井筒储集系数 C_D 和表皮系数 S 的组合 $C_D e^{2S}$；（3）内区径向流阶段，也称第一径向流动段，压力导数曲线表现为数值为 0.5 的水平线，该阶段持续时间的长短取决于复合半径 r_{1D} 的大小；（4）内外区流动过渡段，此时压力波传播至气藏中不连续界面处，由于外区地层物性变差（好）而引起压力导数上翘（下倾），过渡段曲线形状取决于 M_1 和 η_{D1} 的组合；（5）外区径向流阶段，也称第二径向流动段，此时压力波已经传播到外区，压力导数曲线也表现为一水平线，水平线具体数值取决于 M_1 和 h_{D1}。下面分别讨论不同参数对井底压力动态的影响。

1. 厚度比的影响

图 2.1.3 为厚度比对不等厚径向复合无限大气藏井底压力动态的影响，其他参数保持不变。从图中可以看出，厚度比 h_{D1} 主要影响外区径向流压力导数水平线位置的高低。其他参数一定时，厚度比越大，表征外区径向流的压力导数水平线位置就越靠下。此外，从图中还可以观察到，厚度比 h_{D1} 与流度比 M_1 乘积大于 1 时，表征外区径向流的压力导数水平线低于 0.5；反之，厚度比 h_{D1} 与流度比 M_1 乘积小于 1 时，表征外区径向流的压力导数水平线高于 0.5；二者的乘积偏离 1 越大，内、外区径向流压力导数水平线间的垂向距离就越大；内区与外区径向流压力导数水平线取值的比值约等于厚度比 h_{D1} 和流度比 M_1 的乘积。

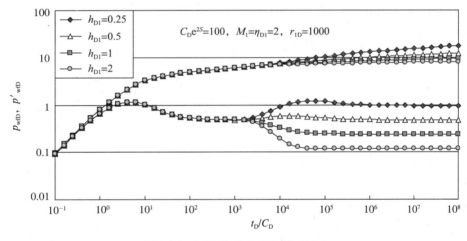

图 2.1.3　厚度比对典型曲线的影响

2. 流度比的影响

图 2.1.4 表示的是流度比对不等厚径向复合无限大气藏典型曲线形态的影响。从图中可以看出，流度比的影响和厚度比类似。其他参数一定时，流度比 M_1 越大，则表征外区径向流的压力导数水平线位置就越靠下。此外，从该图中也可以观察到与图 2.1.3 类似的结果，即内区与外区径向流压力导数水平线取值的比值约等于厚度比 h_{D1} 和流度比 M_1 的乘积，故当考虑地层厚度变化时，就不能简单地根据内、外区径向流压力导数水平线位置的高低来判断内、外区流度好坏。

3. 导压系数比的影响

图 2.1.5 表示的是导压系数比对不等厚径向复合无限大气藏井底压力动态的影响。从图中可以看出，导压系数比 η_{D1} 主要影响内、外区径向流阶段之间的过渡段曲线形态。其他参数一定时，导压系数比越大，过渡段曲线位置越靠上。

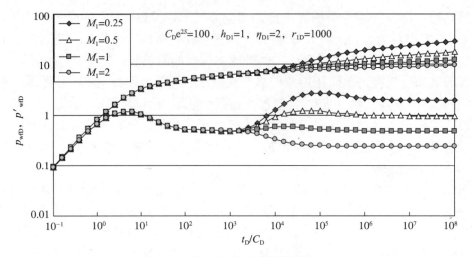

图 2.1.4　流度比对典型曲线的影响

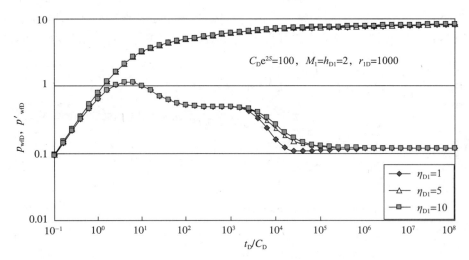

图 2.1.5　导压系数比对典型曲线的影响

4. 内区半径的影响

图 2.1.6 表示的是内区半径 r_{1D} 对不等厚径向复合无限大气藏井底压力动态的影响。从图中可以看出，内区半径 r_{1D} 的大小对第一径向流动段结束时间以及内、外区之间过渡段流动开始时间都有影响。内区半径越大，则第一径向流动段持续时间越久，过渡段开始的时间就越晚；反之亦然。需要注意的是，如果内区半径 r_{1D} 很小或参数 C_De^{2S} 取值较大的话，内区径向流动阶段有可能被井储效应所掩盖，压力导数双对数曲线上有可能不出现内区径向流水平线。

5. 外边界条件的影响

图 2.1.7 为不同边界条件对径向复合气藏井底压力动态的影响。从图中可以看出，对于圆形封闭外边界，当压力波传播到气藏边界后，压力和压力导数曲线上翘；对于圆形定压外边界，当压力波传播到气藏边界后，压力导数曲线急剧下掉。边界反映阶段出现的时间取决于气藏外区半径 r_{2D} 的大小，外区半径越大，其出现的时间越晚。

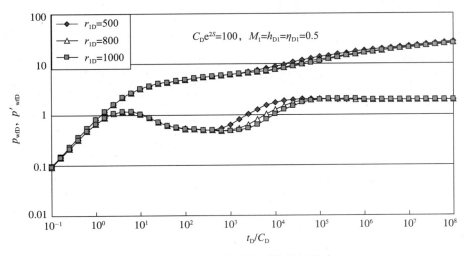

图 2.1.6 内区半径对典型曲线的影响

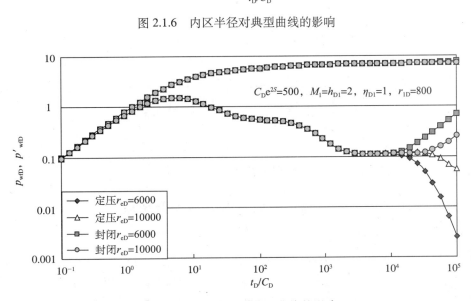

图 2.1.7 边界条件对典型曲线的影响

第二节 双重介质径向复合气藏试井理论

一、双重介质径向复合气藏渗流物理模型和假设

考虑一顶底封闭的水平圆形地层，该地层由基质系统和裂缝系统组成，井位于圆心处。建立渗流数学模型时，需进行如下假设：

（1）地层可被划分为 n 个环状区域，各区域的储层物性及流体性质均不同（渗透率 K_f 和 K_m、孔隙度 ϕ_f 和 ϕ_m、储层厚度 h、压缩系数 C_{fg} 和 C_{mg}、流体黏度 μ 等），地层厚度沿径向发生变化，各区内渗透率和孔隙度等不随压力变化；

（2）裂缝渗透率远大于基质渗透率，即 $K_f \gg K_m$，流体只能由裂缝系统流向井筒；

（3）基岩内部不存在流动，基质向裂缝的窜流为拟稳态窜流；

（4）单相等温渗流，忽略重力影响；

（5）气井以定产量 q_{sc} 生产，开井前地层中各处压力相等，均为原始地层压力 p_i；

（6）考虑井筒储集效应和表皮效应的影响；

（7）天然气在各区基质系统、裂缝系统内的流动满足线性渗流规律；

（8）区域交界面宽度不计，假设储层性质在界面处发生突变，忽略不连续界面处的附加压力降。

多区不等厚径向复合双重介质气藏地质模型示意图如图 2.2.1 所示。

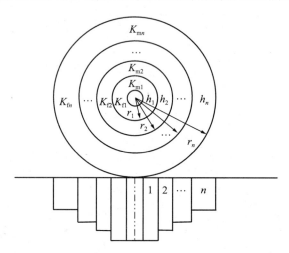

图 2.2.1　多区不等厚径向复合双重介质气藏示意图

二、双重介质径向复合气藏试井解释数学模型及求解

1. 双重介质径向复合气藏试井解释数学模型

依据上述渗流物理模型和 Warren–Root 双重介质模型，可推导得到如下考虑井储效应和表皮效应影响的双重介质多区不等厚径向复合气藏无因次试井解释数学模型。

（1）渗流微分方程。对于第 j 个环状区域的裂缝系统，其无因次渗流微分方程可写为：

$$\frac{1}{r_{\mathrm{D}}}\frac{\partial}{\partial r_{\mathrm{D}}}\left(r_{\mathrm{D}}\frac{\partial p_{\mathrm{D}fj}}{\partial r_{\mathrm{D}}}\right)-\lambda_j \mathrm{e}^{-2S}\left(p_{\mathrm{D}fj}-p_{\mathrm{D}mj}\right)=\frac{\omega_j}{\eta_{\mathrm{D}j}C_{\mathrm{D}}\mathrm{e}^{2S}}\frac{\partial p_{\mathrm{D}fj}}{\partial\left(t_{\mathrm{D}}/C_{\mathrm{D}}\right)}，\ r_{(j-1)\,\mathrm{D}}\leqslant r_{\mathrm{D}}\leqslant r_{j\mathrm{D}}\quad(2.2.1)$$

对于第 j 个环状区域的基质系统，忽略气体在其中的流动，认为其只作为"源"项向裂缝系统窜流，其无因次渗流微分方程可写为：

$$\frac{\left(1-\omega_j\right)}{\eta_{\mathrm{D}j}C_{\mathrm{D}}\mathrm{e}^{2S}}\frac{\partial p_{\mathrm{D}mj}}{\partial\left(t_{\mathrm{D}}/C_{\mathrm{D}}\right)}-\lambda_j \mathrm{e}^{-2S}\left(p_{\mathrm{D}fj}-p_{\mathrm{D}mj}\right)=0，\ r_{(j-1)\,\mathrm{D}}\leqslant r_{\mathrm{D}}\leqslant r_{j\mathrm{D}}\quad(2.2.2)$$

式中，$j=1$，2，…，n。

（2）初始条件：

$$p_{\mathrm{D}fj}\big|_{t_{\mathrm{D}}=0}=p_{\mathrm{D}mj}\big|_{t_{\mathrm{D}}=0}=0\qquad(2.2.3)$$

（3）内边界条件。考虑井筒储集效应和表皮效应的内边界条件为：

$$\frac{\partial p_{\text{wfD}}}{\partial \left(t_{\text{D}} / C_{\text{D}} \right)} - \left(r_{\text{D}} \frac{\partial p_{\text{Df}1}}{\partial r_{\text{D}}} \right)_{r_{\text{D}}=1} = 1 \qquad (2.2.4)$$

$$p_{\text{wfD}} = p_{\text{Df}1} \big|_{r_{\text{D}}=1} \qquad (2.2.5)$$

（4）外边界条件。对于无限大地层：

$$\lim_{r_{\text{D}} \to \infty} p_{\text{Df}n} \left(r_{\text{D}}, t_{\text{D}} \right) = 0 \qquad (2.2.6)$$

对于圆形定压外边界：

$$p_{\text{Df}n} \big|_{r_{\text{D}}=r_{n\text{D}}} = 0 \qquad (2.2.7)$$

对于圆形封闭外边界：

$$\frac{\partial p_{\text{Df}n}}{\partial r_{\text{D}}} \bigg|_{r_{\text{D}}=r_{n\text{D}}} = 0 \qquad (2.2.8)$$

（5）连接条件。在不连续界面处，应该满足压力相等与流量相等条件：

$$p_{\text{Df}j} \big|_{r_{\text{D}}=r_{j\text{D}}} = p_{\text{Df}(j+1)} \big|_{r_{\text{D}}=r_{j\text{D}}} \qquad (2.2.9)$$

$$\frac{\partial p_{\text{Df}j}}{\partial r_{\text{D}}} \bigg|_{r_{\text{D}}=r_{j\text{D}}} = h_{\text{D}j} M_j \frac{\partial p_{\text{Df}(j+1)}}{\partial r_{\text{D}}} \bigg|_{r_{\text{D}}=r_{j\text{D}}} \qquad (2.2.10)$$

式中，$j=1$，2，$\cdots$，$n-1$。

上述复合模型中涉及的无因次变量均是基于第一区（$j=1$）的储层和流体物性而定义的，具体表达式如下所示：

$$p_{\text{Df}j} = \frac{\pi K_{\text{f}1} h_1 T_{\text{sc}}}{q_{\text{sc}} p_{\text{sc}} T} \left(\psi_{\text{i}} - \psi_{\text{f}j} \right), \quad p_{\text{Dm}j} = \frac{\pi K_{\text{f}1} h_1 T_{\text{sc}}}{q_{\text{sc}} p_{\text{sc}} T} \left(\psi_{\text{i}} - \psi_{\text{m}j} \right), \ j=1, \ 2, \ \cdots, \ n$$

$$p_{\text{wfD}} = \frac{\pi K_{\text{f}1} h_1 T_{\text{sc}}}{q_{\text{sc}} p_{\text{sc}} T} \left(\psi_{\text{i}} - \psi_{\text{wf}} \right), \quad t_{\text{D}} = \frac{K_{\text{f}1} t}{\left(\phi_1 C_{\text{g}1,i} \right)_{\text{f+m}} \mu_{1,i} r_{\text{w}}^2}, \quad C_{\text{D}} = \frac{C}{2\pi h_1 \left(\phi_1 C_{\text{g}1,i} \right)_{\text{f+m}} r_{\text{w}}^2}$$

$$r_{\text{D}} = \frac{r}{r_{\text{w}} \text{e}^{-S}}, \quad M_j = \frac{K_{\text{f}(j+1)}}{K_{\text{f}j}}, \quad h_{\text{D}j} = \frac{h_{j+1}}{h_j}, \quad \eta_{\text{D}j} = \frac{K_j / \left[\left(\phi_j C_{\text{g}j,i} \right)_{\text{f+m}} \mu_{j,i} \right]}{K_1 / \left[\left(\phi_1 C_{\text{g}1,i} \right)_{\text{f+m}} \mu_{1,i} \right]}$$

$$\lambda_j = \alpha \frac{K_{\text{m}j}}{K_{\text{f}j}} r_{\text{w}}^2, \quad \omega_j = \frac{\left(\phi_j C_{\text{g}j,i} \right)_{\text{f}}}{\left(\phi_j C_{\text{g}j,i} \right)_{\text{f+m}}}$$

式中，下标 m，f，f+m 分别代表基质系统、裂缝系统以及地层总系统的性质。

2. 双重介质径向复合气藏试井解释数学模型的求解

对上述无因次化数学模型进行基于 $t_{\text{D}}/C_{\text{D}}$ 的拉普拉斯变换，可得到如下拉普拉斯空间内的试井分析模型。

（1）渗流微分方程：

$$\frac{\mathrm{d}^2 \overline{p}_{\mathrm{D}fj}}{\mathrm{d}r_{\mathrm{D}}^2} + \frac{1}{r_{\mathrm{D}}}\frac{\mathrm{d}\overline{p}_{\mathrm{D}fj}}{\mathrm{d}r_{\mathrm{D}}} - \lambda_j \mathrm{e}^{-2S}\left(\overline{p}_{\mathrm{D}fj} - \overline{p}_{\mathrm{D}mj}\right) = \frac{\omega_j}{\eta_{\mathrm{D}j}C_{\mathrm{D}}\mathrm{e}^{2S}}u\overline{p}_{\mathrm{D}fj}, \quad r_{(j-1)\,\mathrm{D}} \leqslant r_{\mathrm{D}} \leqslant r_{j\mathrm{D}} \quad (2.2.11)$$

$$\frac{1-\omega_j}{\eta_{\mathrm{D}j}C_{\mathrm{D}}\mathrm{e}^{2S}}u\overline{p}_{\mathrm{D}mj} - \lambda_j \mathrm{e}^{-2S}\left(\overline{p}_{\mathrm{D}fj} - \overline{p}_{\mathrm{D}mj}\right) = 0 \quad (2.2.12)$$

（2）内边界条件：

$$u\overline{p}_{\mathrm{wf}\mathrm{D}} - \left(r_{\mathrm{D}}\frac{\mathrm{d}\overline{p}_{\mathrm{D}f1}}{\mathrm{d}r_{\mathrm{D}}}\right)\Bigg|_{r_{\mathrm{D}}=1} = \frac{1}{u} \quad (2.2.13)$$

$$\overline{p}_{\mathrm{wf}\mathrm{D}} = \overline{p}_{\mathrm{D}f1}\big|_{r_{\mathrm{D}}=1} \quad (2.2.14)$$

（3）外边界条件：

$$\lim_{r_{n\mathrm{D}}\to\infty}\overline{p}_{\mathrm{D}fn}\left(r_{\mathrm{D}},t_{\mathrm{D}}\right) = 0 \quad （无限大外边界） \quad (2.2.15)$$

$$\overline{p}_{\mathrm{D}fn}\big|_{r_{\mathrm{D}}=r_{n\mathrm{D}}} = 0 \quad （定压外边界） \quad (2.2.16)$$

$$\frac{\mathrm{d}\overline{p}_{\mathrm{D}fn}}{\mathrm{d}r_{\mathrm{D}}}\Bigg|_{r_{\mathrm{D}}=r_{n\mathrm{D}}} = 0 \quad （封闭外边界） \quad (2.2.17)$$

（4）连接条件：

$$\overline{p}_{\mathrm{D}fj}\big|_{r_{\mathrm{D}}=r_{j\mathrm{D}}} = \overline{p}_{\mathrm{D}f(j+1)}\big|_{r_{\mathrm{D}}=r_{j\mathrm{D}}} \quad (2.2.18)$$

$$\frac{\mathrm{d}\overline{p}_{\mathrm{D}fj}}{\mathrm{d}r_{\mathrm{D}}}\Bigg|_{r_{\mathrm{D}}=r_{j\mathrm{D}}} = h_{\mathrm{D}j}M_j \frac{\mathrm{d}\overline{p}_{\mathrm{D}f(j+1)}}{\mathrm{d}r_{\mathrm{D}}}\Bigg|_{r_{\mathrm{D}}=r_{j\mathrm{D}}} \quad (2.2.19)$$

联立式（2.2.11）和式（2.2.12），可得：

$$\frac{\mathrm{d}^2 \overline{p}_{\mathrm{D}fj}}{\mathrm{d}r_{\mathrm{D}}^2} + \frac{1}{r_{\mathrm{D}}}\frac{\mathrm{d}\overline{p}_{\mathrm{D}fj}}{\mathrm{d}r_{\mathrm{D}}} - D_j\left(u\right)\overline{p}_{\mathrm{D}fj} = 0 \quad (2.2.20)$$

式中，$D_j\left(u\right) = \dfrac{u\lambda_j\left(1-\omega_j\right)}{\eta_{\mathrm{D}j}C_{\mathrm{D}}\mathrm{e}^{2S}\lambda_j + u\mathrm{e}^{2S}\left(1-\omega_j\right)} + u\dfrac{\omega_j}{\eta_{\mathrm{D}j}C_{\mathrm{D}}\mathrm{e}^{2S}}$ 。

方程（2.2.20）为零阶虚宗量的 Bessel 方程，其通解为：

$$\overline{p}_{\mathrm{D}fj}\left(r_{\mathrm{D}},u\right) = A_j \mathrm{I}_0\left[r_{\mathrm{D}}\sqrt{D_j\left(u\right)}\right] + B_j \mathrm{K}_0\left[r_{\mathrm{D}}\sqrt{D_j\left(u\right)}\right] \quad (2.2.21)$$

对其求导，得：

$$\frac{\mathrm{d}\overline{p}_{\mathrm{D}fj}}{\mathrm{d}r_{\mathrm{D}}} = \sqrt{D_j\left(u\right)}A_j \mathrm{I}_1\left[r_{\mathrm{D}}\sqrt{D_j\left(u\right)}\right] - \sqrt{D_j\left(u\right)}B_j \mathrm{K}_1\left[r_{\mathrm{D}}\sqrt{D_j\left(u\right)}\right] \quad (2.2.22)$$

由内边界条件式（2.2.13）和式（2.2.14）可得：

$$\sqrt{D_1(u)}A_1\mathrm{I}_1\left[\sqrt{D_1(u)}\right]-\sqrt{D_1(u)}B_1\mathrm{K}_1\left[\sqrt{D_1(u)}\right]-u\overline{p}_{\mathrm{wfD}}=-\frac{1}{u} \qquad (2.2.23)$$

$$A_1\mathrm{I}_0\left[\sqrt{D_1(u)}\right]+B_1\mathrm{K}_0\left[\sqrt{D_1(u)}\right]-\overline{p}_{\mathrm{wfD}}=0 \qquad (2.2.24)$$

由不连续界面连接条件式（2.2.18）、式（2.2.19）可得：

$$A_j\mathrm{I}_0\left[r_{j\mathrm{D}}\sqrt{D_j(u)}\right]+B_j\mathrm{K}_0\left[r_{j\mathrm{D}}\sqrt{D_j(u)}\right]-A_{j+1}\mathrm{I}_0\left[r_{j\mathrm{D}}\sqrt{D_{j+1}(u)}\right]-B_{j+1}\mathrm{K}_0\left[r_{j\mathrm{D}}\sqrt{D_{j+1}(u)}\right]=0$$

$$(2.2.25)$$

$$A_j\sqrt{D_j(u)}\mathrm{I}_1\left[r_{j\mathrm{D}}\sqrt{D_j(u)}\right]-B_j\sqrt{D_j(u)}\mathrm{K}_1\left[r_{j\mathrm{D}}\sqrt{D_j(u)}\right]-h_{\mathrm{D}j}M_jA_{j+1}\sqrt{D_{j+1}(u)}\mathrm{I}_1\left[r_{j\mathrm{D}}\sqrt{D_{j+1}(u)}\right]$$

$$+h_{\mathrm{D}j}M_jB_{j+1}\sqrt{D_{j+1}(u)}K_1\left[r_{j\mathrm{D}}\sqrt{D_{j+1}(u)}\right]=0$$

$$(2.2.26)$$

由外边界条件式（2.2.15）至式（2.2.17）可得：

$$A_n=0 \quad（无限大外边界） \qquad (2.2.27)$$

$$A_n\mathrm{I}_0\left[r_{n\mathrm{D}}\sqrt{D_n(u)}\right]+B_n\mathrm{K}_0\left[r_{n\mathrm{D}}\sqrt{D_n(u)}\right]=0 \quad（定压外边界） \qquad (2.2.28)$$

$$A_n\mathrm{I}_1\left[r_{n\mathrm{D}}\sqrt{D_n(u)}\right]-B_n\mathrm{K}_1\left[r_{n\mathrm{D}}\sqrt{D_n(u)}\right]=0 \quad（封闭外边界） \qquad (2.2.29)$$

式（2.2.23）至式（2.2.29）为关于系数 A_j，B_j（$j=1$，2，$\cdots$，n）及 $\overline{p}_{\mathrm{wfD}}$ 的线性方程组，求解可得到拉普拉斯空间内无因次井底压力表达式 $\overline{p}_{\mathrm{wfD}}$。下面给出三种不同外边界条件下的线性方程组的具体表达形式。

对于无限大外边界，根据式（2.2.23）至式（2.2.27）可得到无限大外边界所对应的拉普拉斯空间内的 $2n$ 阶线性方程组，用矩阵形式可表示如下：

$$\begin{bmatrix} a_{11} & a_{12} & \cdots & a_{1,2n-1} & a_{1,2n} \\ a_{21} & a_{22} & \cdots & a_{2,2n-1} & a_{2,2n} \\ \vdots & \vdots & \vdots & \vdots & \vdots \\ \vdots & \vdots & \vdots & \vdots & \vdots \\ \vdots & \vdots & \vdots & \vdots & \vdots \\ a_{2n,1} & a_{2n,2} & \cdots & a_{2n,2n-1} & a_{2n,2n} \end{bmatrix}\begin{bmatrix} A_1 \\ B_1 \\ \vdots \\ B_{n-1} \\ B_n \\ \overline{p}_{\mathrm{wfD}} \end{bmatrix}=\begin{bmatrix} -1/u \\ 0 \\ \vdots \\ 0 \\ 0 \\ 0 \end{bmatrix} \qquad (2.2.30)$$

式中　$a_{11}=\sqrt{D_1(u)}\mathrm{I}_1\left(\sqrt{D_1(u)}\right)$，　$a_{12}=-\sqrt{D_1(u)}\mathrm{K}_1\left(\sqrt{D_1(u)}\right)$，　$a_{1,2n}=-u$

$a_{21}=\mathrm{I}_0\left(\sqrt{D_1(u)}\right)$，　$a_{22}=\mathrm{K}_0\left(\sqrt{D_1(u)}\right)$，　$a_{2,2n}=-1$

$a_{i,k}=\mathrm{I}_0\left(r_{j\mathrm{D}}\sqrt{D_j(u)}\right)$，　$a_{i,k+1}=\mathrm{K}_0\left(r_{j\mathrm{D}}\sqrt{D_j(u)}\right)$

$$a_{i,k+2} = -\mathrm{I}_0\left(r_{jD}\sqrt{D_{j+1}(u)}\right), \quad a_{i,k+3} = -\mathrm{K}_0\left(r_{jD}\sqrt{D_{j+1}(u)}\right)$$

$$(i=j+2;\ k=2j-1;\ j=1,\ 2,\ \cdots,\ n-2)$$

$$a_{n+1,2n-3} = \mathrm{I}_0\left(r_{(n-1)D}\sqrt{D_{n-1}(u)}\right), \quad a_{n+1,2n-2} = \mathrm{K}_0\left(r_{(n-1)D}\sqrt{D_{n-1}(u)}\right)$$

$$a_{n+1,2n-1} = -\mathrm{K}_0\left(r_{(n-1)D}\sqrt{D_n(u)}\right), \quad a_{i,k} = \sqrt{D_j(u)}\mathrm{I}_1\left(r_{jD}\sqrt{D_j(u)}\right)$$

$$a_{i,k+1} = -\sqrt{D_j(u)}\mathrm{K}_1\left(r_{jD}\sqrt{D_j(u)}\right), \quad a_{i,k+2} = -h_{\mathrm{D}j}M_j\sqrt{D_{j+1}(u)}\mathrm{I}_1\left(r_{jD}\sqrt{D_{j+1}(u)}\right)$$

$$a_{i,k+3} = h_{\mathrm{D}j}M_j\sqrt{D_{j+1}(u)}\mathrm{K}_1\left(r_{jD}\sqrt{D_{j+1}(u)}\right)$$

$$(i=j+n+1;\ k=2j-1;\ j=1,\ 2,\ \cdots,\ n-2)$$

$$a_{2n,2n-3} = \sqrt{D_{n-1}(u)}\mathrm{I}_1\left(r_{(n-1)D}\sqrt{D_{n-1}(u)}\right), \quad a_{2n,2n-2} = -\sqrt{D_{n-1}(u)}\mathrm{K}_1\left(r_{(n-1)D}\sqrt{D_{n-1}(u)}\right)$$

$$a_{2n,2n-1} = h_{\mathrm{D}(n-1)}M_{n-1}\sqrt{D_n(u)}\mathrm{K}_1\left(r_{(n-1)D}\sqrt{D_n(u)}\right)$$

系数矩阵中其余元素皆为零。

对于圆形定压外边界，根据式（2.2.23）至式（2.2.26）、式（2.2.28）可得到圆形定压外边界所对应的拉普拉斯空间内的 $2n+1$ 阶线性方程组，用矩阵形式可表示如下：

$$\begin{bmatrix} a_{11} & a_{12} & \cdots & a_{1,2n} & a_{1,2n+1} \\ a_{21} & a_{22} & \cdots & a_{2,2n} & a_{2,2n+1} \\ \vdots & \vdots & \vdots & \vdots & \vdots \\ \vdots & \vdots & \vdots & \vdots & \vdots \\ \vdots & \vdots & \vdots & \vdots & \vdots \\ a_{2n+1,1} & a_{2n+1,2} & \cdots & a_{2n+1,2n} & a_{2n+1,2n+1} \end{bmatrix} \begin{bmatrix} A_1 \\ B_1 \\ \vdots \\ A_n \\ B_n \\ \bar{p}_{\mathrm{wfD}} \end{bmatrix} = \begin{bmatrix} -1/u \\ 0 \\ \vdots \\ 0 \\ 0 \\ 0 \end{bmatrix} \tag{2.2.31}$$

式中　$a_{11} = \sqrt{D_1(u)}\mathrm{I}_1\left(\sqrt{D_1(u)}\right), \quad a_{12} = -\sqrt{D_1(u)}\mathrm{K}_1\left(\sqrt{D_1(u)}\right), \quad a_{1,2n+1} = -u$

$$a_{21} = \mathrm{I}_0\left(\sqrt{D_1(u)}\right), \quad a_{22} = \mathrm{K}_0\left(\sqrt{D_1(u)}\right), \quad a_{2,2n+1} = -1$$

$$a_{i,k} = \mathrm{I}_0\left(r_{jD}\sqrt{D_j(u)}\right), \quad a_{i,k+1} = \mathrm{K}_0\left(r_{jD}\sqrt{D_j(u)}\right)$$

$$a_{i,k+2} = -\mathrm{I}_0\left(r_{jD}\sqrt{D_{j+1}(u)}\right), \quad a_{i,k+3} = -\mathrm{K}_0\left(r_{jD}\sqrt{D_{j+1}(u)}\right)$$

$$(i=j+2;\ k=2j-1;\ j=1,\ 2,\ \cdots,\ n-1)$$

$$a_{i,k} = \sqrt{D_j(u)}\mathrm{I}_1\left(r_{jD}\sqrt{D_j(u)}\right), \quad a_{i,k+1} = -\sqrt{D_j(u)}\mathrm{K}_1\left(r_{jD}\sqrt{D_j(u)}\right)$$

$$a_{i,k+2} = -h_{\mathrm{D}j}M_j\sqrt{D_{j+1}(u)}\mathrm{I}_1\left(r_{jD}\sqrt{D_{j+1}(u)}\right)$$

$$a_{i,k+3} = h_{Dj} M_j \sqrt{D_{j+1}(u)} \mathrm{K}_1 \left(r_{jD} \sqrt{D_{j+1}(u)} \right)$$

$$(i=j+n+1；k=2j-1；j=1，2，\cdots，n-1)$$

$$a_{2n+1,2n-1} = \mathrm{I}_0 \left(r_{nD} \sqrt{D_n(u)} \right)，\quad a_{2n+1,2n} = \mathrm{K}_0 \left(r_{nD} \sqrt{D_n(u)} \right)$$

系数矩阵中其余元素皆为零。

对于圆形封闭外边界，根据式（2.2.23）至式（2.2.26）、式（2.2.29）可得到圆形封闭外边界所对应的拉普拉斯空间内的 $2n+1$ 阶线性方程组，用矩阵形式可表示如下：

$$\begin{bmatrix} a_{11} & a_{12} & \cdots & a_{1,2n} & a_{1,2n+1} \\ a_{21} & a_{22} & \cdots & a_{2,2n} & a_{2,2n+1} \\ \vdots & \vdots & \vdots & \vdots & \vdots \\ \vdots & \vdots & \vdots & \vdots & \vdots \\ \vdots & \vdots & \vdots & \vdots & \vdots \\ a_{2n+1,1} & a_{2n+1,2} & \cdots & a_{2n+1,2n} & a_{2n+1,2n+1} \end{bmatrix} \begin{bmatrix} A_1 \\ B_1 \\ \vdots \\ A_n \\ B_n \\ \bar{p}_{wfD} \end{bmatrix} = \begin{bmatrix} -1/u \\ 0 \\ \vdots \\ 0 \\ 0 \\ 0 \end{bmatrix} \qquad (2.2.32)$$

式中，$a_{2n+1,2n-1} = \mathrm{I}_1 \left(r_{nD} \sqrt{D_n(u)} \right)$，$a_{2n+1,2n} = -\mathrm{K}_1 \left(r_{nD} \sqrt{D_n(u)} \right)$，系数矩阵中其余系数取值同圆形定压外边界。

三、双重介质径向复合气藏典型曲线特征分析

对线性方程组式（2.2.30）至式（2.2.32）进行求解，可得到拉普拉斯空间内无因次井底压力 $\bar{p}_{wfD}$。采用 Stehfest 数值反演方法对其进行拉普拉斯逆变换，可得到实空间内的无因次井底拟压力 p_{wfD} 的数值解，从而可以绘制相应的典型曲线。下面就典型曲线特征和相关影响因素进行分析。为简化讨论，取 $n=2$ 为例进行分析，但本章提出的方法适用于 n 取任意有限值的情况。

图 2.2.2 为不等厚径向复合双重介质无限大气藏的典型曲线。从图中可以看出，流动阶段可被划分为七段：（1）井储阶段；（2）内区裂缝系统径向流阶段，压力导数曲线表现为数值为 0.5 的水平线，该阶段往往被井储流动阶段所掩盖，在典型曲线上一般不容易观察到；（3）内区窜流段，内区基质系统中流体向裂缝系统发生窜流，压力导数曲线上出现第一个"凹子"，"凹子"出现的时间早晚和具体形态取决于内区窜流系数 λ_1 和储能比 ω_1；（4）内区总系统径向流段，内区裂缝系统与基质系统压力同步下降，压力导数曲线表现为数值为 0.5 的水平线，该阶段持续时间长短取决于内区半径 r_{1D} 的大小，r_{1D} 越大，则该阶段持续时间就越长；（5）内、外区流动过渡段，压力波开始向外区传播，该阶段压力导数曲线形态和流度比 M_1、厚度比 h_{D1}、导压系数比 η_{D1} 有关；（6）外区窜流段，外区基质系统中流体向裂缝系统中窜流，压力导数曲线出现第二个"凹子"，"凹子"出现的时间和具体形态取决于外区窜流系数 λ_2 和储能比 ω_2；（7）外区总系统径向流段，外区裂缝系统与基质系统达到总系统径向流，压力导数曲线表现为一水平线，其具体数值取决于流度比 M_1 和厚度比 h_{D1}。下面分别讨论不同参数对井底压力动态的影响。

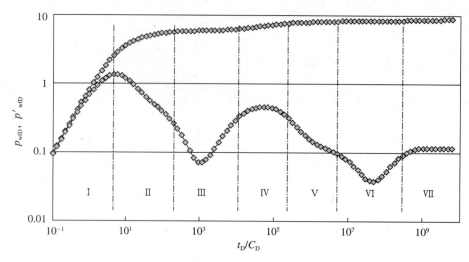

图 2.2.2　不等厚径向复合双重介质无限大气藏典型曲线

1. 厚度比的影响

图 2.2.3 为厚度比 h_{D1} 对径向复合双重介质无限大气藏井底压力动态的影响关系曲线。从图中可以看出，厚度比 h_{D1} 主要影响压力波传到外区之后的曲线形态。其他参数一定时，厚度比越大，传到外区之后的压力导数曲线位置相应的越靠下。此外，从图中还可以看出，厚度比 h_{D1} 与流度比 M_1 乘积大于 1 时，外区总系统径向流压力导数水平线低于内区总系统径向流压力导数数值为 0.5 的水平线，反之亦然。内、外区总系统径向流压力导数水平线取值的比值约等于厚度比 h_{D1} 和流度比 M_1 的乘积。

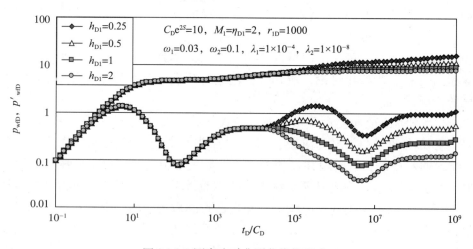

图 2.2.3　厚度比对典型曲线的影响

2. 流度比的影响

图 2.2.4 为流度比 M_1 对径向复合双重介质无限大气藏井底压力动态的影响关系曲线。从图中可以看出，流度比对典型曲线的影响与厚度比类似，内、外区总系统径向流压力导数水平线取值的比值约等于厚度比 h_{D1} 和流度比 M_1 的乘积。因此，当考虑地层厚度变化时，就不能简单地根据内、外区总系统径向流压力导数水平段的高低来判断内外区流度的大小关系。

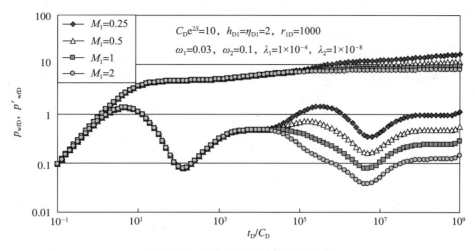

图 2.2.4　流度比对典型曲线的影响

3. 储容比的影响

图 2.2.5 为内、外区储能比 ω_1 和 ω_2 对径向复合双重介质无限大气藏井底压力动态的影响关系曲线。从图中可以看出，内区储能比 ω_1 主要影响反映内区窜流阶段的第一个"凹子"的深度和宽度，外区储能比 ω_2 主要影响反映外区窜流阶段的第二个"凹子"的深度和宽度，储能比 ω_1 和 ω_2 越小，相应的"凹子"就越深越宽，反之亦然。

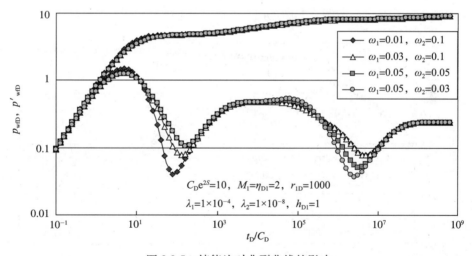

图 2.2.5　储能比对典型曲线的影响

4. 窜流系数的影响

图 2.2.6 为内、外区窜流系数 λ_1 和 λ_2 对径向复合双重介质无限大气藏井底压力动态的影响关系曲线。从图中可以看出，内区窜流系数 λ_1 和外区窜流系数 λ_2 分别影响第一个"凹子"和第二个"凹子"出现的早晚。窜流系数越小，则相应的凹子出现的时间就越晚。需要注意的是，当内区窜流系数 λ_1 较小且外区窜流系数 λ_2 较大时，典型曲线上有可能观测不到第二个"凹子"。

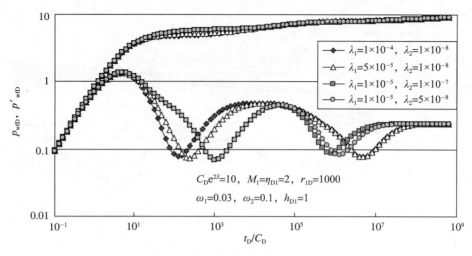

图 2.2.6　窜流系数对典型曲线的影响

5. 边界条件的影响

图 2.2.7 为不同外边界对径向复合双重介质气藏井底压力动态的影响。由图可知，圆形封闭（定压）外边界双重介质气藏比无限大外边界双重介质气藏多了一个流动阶段，即边界反映阶段。当压力波传播到圆形封闭外边界后，压力和压力导数曲线上翘；当压力波传播到圆形定压外边界后，压力导数曲线急剧下掉。边界反映阶段出现的时间取决于气藏外区半径 r_{2D} 的大小，当外区半径较小且外区窜流系数也较小时，外区总系统径向流阶段有可能被边界反映阶段所掩盖，如图 2.2.7 所示。

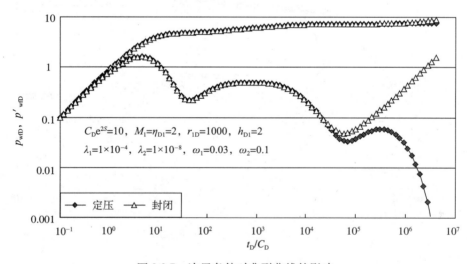

图 2.2.7　边界条件对典型曲线的影响

第三章 线性复合气藏试井理论

在第二章的复合气藏试井模型推导中，均假设地层形状为圆形，但在实际情况中，气藏的外边界并不总是理想的圆形。例如，测试井位于两条封闭断层之间，或者河道沉积环境等，都会形成长而窄的储层，即条带状储层。对于河流相沉积储层，储层均质等厚的假设并不总是成立。当河岸线附近区域的沉积特征发生变化，且变化的区域与河床垂直时，从而导致储层属性沿条带状储层延伸方向发生变化。此外，条带状地层中裂缝分布的非均匀性，或者由于增产措施的实施而导致储层中不同区域的储层和流体性质发生变化，也有可能在该类储层中出现非均质储层特征。

与圆形储层类似，可以用复合气藏模型来描述该类气藏的不稳定压力动态。不同的是，此时的复合气藏模型指的是线性复合气藏模型。线性复合气藏模型假设储层内存在若干垂直界面，将储层分成性质不同的若干区域，井位于其中一个区域内。本章从渗流基本理论出发，对含有一个或两个不连续界面的线性复合气藏不稳定试井理论模型进行了推导。

第一节 单一介质两区线性复合气藏试井理论

一、单一介质两区线性复合气藏渗流物理模型和假设

考虑一顶底封闭且在平面上具有平行不渗透边界的条带状地层，建立渗流数学模型时，需进行如下假设：

（1）条带状地层存在物性不同的两个半无限大区域，井位于其中一个区域内，如图3.1.1 所示，两区的岩石性质、流体性质（渗透率 K、孔隙度 ϕ、储层厚度 h、压缩系数 C_g、流体黏度 μ 等）和储层有效厚度均不同，但在同一区域内为均质地层，各区内的渗透率 K 和孔隙度 ϕ 等地层参数不随压力变化；

（2）单相气体等温渗流；

（3）考虑井筒储集效应和表皮效应的影响；

（4）区域界面宽度不计，储层性质在界面处发生突变，忽略界面处的流动阻力；

（5）各区流体渗流过程均符合线性渗流规律并忽略重力影响；

（6）气井以定产量 q_{sc} 生产，开井前地层各处压力相等，均为原始地层压力 p_i。

二、单一介质两区线性复合气藏试井解释数学模型及求解

1. 单一介质两区线性复合气藏试井解释数学模型

根据上述假设条件和图 3.1.1 中所建立的坐标系，以渗流力学理论为基础，可得到考虑地层厚度变化的两区线性复合条带状气藏无因次试井解释数学模型。

（1）渗流微分方程。将气井视为定产量线源，并假设各区内均为各向同性地层，即

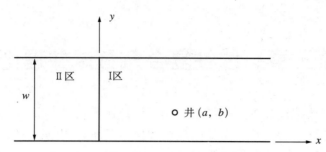

图 3.1.1　单一介质两区线性复合条带状气藏示意图

$K_{1x}=K_{1y}=K_1$，$K_{2x}=K_{2y}=K_2$，则可得到两区的无因次渗流微分方程如下：

$$\frac{\partial^2 p_{1D}}{\partial x_D^2}+\left(\frac{\pi}{w_D}\right)^2\frac{\partial^2 p_{1D}}{\partial y_D^2}+\frac{2\pi^2}{w_D}\delta\left(x_D-a_D\right)\delta\left(y_D-b_D\right)=\frac{\partial p_{1D}}{\partial t_D}，\ x_D\geqslant 0 \tag{3.1.1}$$

$$\frac{\partial^2 p_{2D}}{\partial x_D^2}+\left(\frac{\pi}{w_D}\right)^2\frac{\partial^2 p_{2D}}{\partial y_D^2}=\frac{1}{\eta_D}\frac{\partial p_{2D}}{\partial t_D}，\ x_D< 0 \tag{3.1.2}$$

式中　$\delta\ (\ )$——定产量生产气井；

　　　w_D——无因次条带状地层宽度，无因次；

　　　a_D，b_D——无因次井点位置，无因次；

　　　x_D，y_D——无因次空间坐标，无因次。

（2）初始条件：

$$p_{1D}\big|_{t_D=0}=p_{2D}\big|_{t_D=0}=0 \tag{3.1.3}$$

（3）边界条件。条带状地层在 x 方向无限延伸，故 x 方向外边界条件可写为：

$$\lim_{x_D\to\infty} p_{1D}=0 \tag{3.1.4}$$

$$\lim_{x_D\to-\infty} p_{2D}=0 \tag{3.1.5}$$

条带状地层在 y 方向具有平行不渗透边界，故 y 方向外边界条件可写为：

$$\frac{\partial p_{1D}}{\partial y_D}\bigg|_{y_D=\pi}=\frac{\partial p_{1D}}{\partial y_D}\bigg|_{y_D=0}=0 \tag{3.1.6}$$

$$\frac{\partial p_{2D}}{\partial y_D}\bigg|_{y_D=\pi}=\frac{\partial p_{2D}}{\partial y_D}\bigg|_{y_D=0}=0 \tag{3.1.7}$$

（4）连接条件。在不连续界面处，应该满足压力相等与流量相等条件：

$$p_{1D}\big|_{x_D=0}=p_{2D}\big|_{x_D=0} \tag{3.1.8}$$

$$\frac{\partial p_{1D}}{\partial x_D}\bigg|_{x_D=0}=Mh_D\frac{\partial p_{2D}}{\partial x_D}\bigg|_{x_D=0} \tag{3.1.9}$$

式中　M——流度比，无因次；

h_D——厚度比，无因次；

η_D——导压系数比，无因次。

上述模型中涉及的无因次变量均是基于 I 区储层和流体物性而定义的，具体表达式如下所示：

$$p_{jD} = \frac{\pi K_1 h_1 T_{sc}}{q_{sc} p_{sc} T}(\psi_i - \psi_j), \ j=1,2, \quad p_{wfD} = \frac{\pi K_1 h_1 T_{sc}}{q_{sc} p_{sc} T}(\psi_i - \psi_{wf})$$

$$t_D = \frac{K_1 t}{\phi \mu_{1,\,i} C_{g1,\,i} r_w^2}, \quad C_D = \frac{C}{2\pi h_1 \phi_1 C_{g1,\,i} r_w^2}, \quad r_D = \frac{r}{r_w e^{-s}}$$

$$x_D = \frac{x}{r_w}, \quad a_D = \frac{a}{r_w}, \quad w_D = \frac{w}{r_w}, \quad y_D = \frac{\pi}{w_D}\frac{y}{r_w}, \quad b_D = \frac{\pi}{w_D}\frac{b}{r_w}$$

$$M = \frac{K_2}{K_1}, \quad h_D = \frac{h_2}{h_1}, \quad \eta_D = \frac{K_2 / (\phi_2 \mu_{2,i} C_{g2,i})}{K_1 / (\phi_1 \mu_{1,i} C_{g1,i})}$$

2. 单一介质两区线性复合气藏试井解释数学模型的求解

对上述无因次试井解释模型的求解需要用到拉普拉斯变换方法和有限傅里叶余弦变换方法。拉普拉斯变换方法及其数值反演方法在第二章已提及，在此仅对有限傅里叶余弦变换方法及反演进行简单介绍。

1）有限傅里叶余弦变换及数值反演

函数 G（y）的有限傅里叶余弦变换定义为：

$$\hat{G}(m) = F[G(y)] = \int_0^\pi G(y)\cos(my)\mathrm{d}y \tag{3.1.10}$$

其中，m 为有限傅里叶余弦变换变量；$\hat{G}(m)$ 称为函数 G（y）的变换函数或象函数，而 G（y）称为 $\hat{G}(m)$ 的原函数。

有限傅里叶余弦变换的数值逆变换为：

$$G(y) = F^{-1}\left[(m)\right] = \frac{C_0}{\pi} + \frac{2}{\pi}\sum_{m=1}^\infty C_m \cos(my) \tag{3.1.11}$$

其中，$C_m = \int_0^\pi G(y)\cos(my)\mathrm{d}y$。

有限傅里叶余弦变换的数值逆变换公式（3.1.11）中含有无穷级数求和，在编程实现时，只要数值逆变换公式中的 m 项、$m-1$ 项和 $m-2$ 项的和与总和的比值小于 10^{-14} 时，即可认为收敛。

2）试井解释数学模型的求解

结合初始条件式（3.1.3）、y 方向外边界条件式（3.1.6）和式（3.1.7），对无因次渗流微分方程式（3.1.1）和式（3.1.2）取基于 y_D 的有限傅里叶余弦变换和基于 t_D 的拉普拉斯变换，可得到：

$$\frac{\mathrm{d}^2 \hat{\bar{p}}_{1D}}{\mathrm{d}x_D^2} - \left[\left(\frac{m\pi}{w_D}\right)^2 + u\right]\hat{\bar{p}}_{1D} = -\frac{2\pi^2 \cos(mb_D)}{u w_D}\delta(x_D - a_D), \ x_D \geqslant 0 \tag{3.1.12}$$

$$\frac{d^2 \hat{\bar{p}}_{2D}}{dx_D^2} - \left[\left(\frac{m\pi}{w_D}\right)^2 + \frac{u}{\eta_D}\right]\hat{\bar{p}}_{2D} = 0 , \quad x_D < 0 \tag{3.1.13}$$

定义 $\alpha_1 = \left(\frac{m\pi}{w_D}\right)^2 + u$, $\alpha_2 = \left(\frac{m\pi}{w_D}\right)^2 + \frac{u}{\eta_D}$, $\alpha_3 = -\frac{2\pi^2 \cos(mb_D)}{uw_D}$, 则式（3.1.12）与式（3.1.13）变为：

$$\frac{d^2 \hat{\bar{p}}_{1D}}{dx_D^2} - \alpha_1 \hat{\bar{p}}_{1D} = \alpha_3 \delta(x_D - a_D) , \quad x_D \geqslant 0 \tag{3.1.14}$$

$$\frac{d^2 \hat{\bar{p}}_{2D}}{dx_D^2} - \alpha_2 \hat{\bar{p}}_{2D} = 0 , \quad x_D < 0 \tag{3.1.15}$$

式中 m——基于 y_D 的有限傅里叶余弦变换变量；

$\hat{\bar{p}}_{1D}$——有限傅里叶余弦变换和拉普拉斯变换后的Ⅰ区无因次压力；

$\hat{\bar{p}}_{2D}$——有限傅里叶余弦变换和拉普拉斯变换后的Ⅱ区无因次压力。

根据高等数学知识，可得到式（3.1.15）的通解为：

$$\hat{\bar{p}}_{2D} = A e^{\sqrt{\alpha_2} x_D} + B e^{-\sqrt{\alpha_2} x_D} \tag{3.1.16}$$

式中 A，B——系数，由边界条件和连接条件确定。

利用 x 方向外边界条件式（3.1.5），当 $x_D \to -\infty$ 时，$\hat{\bar{p}}_{2D} = 0$，故可推得 $B=0$。式（3.1.16）变为：

$$\hat{\bar{p}}_{2D} = A e^{\sqrt{\alpha_2} x_D} \tag{3.1.17}$$

由于式（3.1.14）的右端含有 δ 函数，因此无法直接求得其通解，需要对其再进行一次拉普拉斯变换。对式（3.1.14）取基于 x_D 的拉普拉斯变换，可得到：

$$s^2 W_1 - s\hat{\bar{p}}_{1D}(x_D = 0) - \frac{\partial \hat{\bar{p}}_{1D}}{\partial x_D}(x_D = 0) - \alpha_1 W_1 = \alpha_3 e^{-a_D s} \tag{3.1.18}$$

式中 s——基于 x_D 的拉普拉斯变量；

W_1—— $\hat{\bar{p}}_{1D}$ 基于 x_D 的拉普拉斯变换。

式（3.1.18）为简单的数学方程，对其求解可得到 W_1 的表达式如下：

$$W_1 = \frac{\alpha_3 e^{-a_D s} + s\hat{\bar{p}}_{1D}(x_D = 0) + \frac{\partial \hat{\bar{p}}_{1D}}{\partial x_D}(x_D = 0)}{s^2 - \alpha_1} \tag{3.1.19}$$

对式（3.1.19）中的各项进行拉普拉斯逆变换，并将连接条件代入，可得到：

$$\hat{\bar{p}}_{1D}(x_D, m, u)$$
$$= \begin{cases} A\dfrac{e^{\sqrt{\alpha_1} x_D} + e^{-\sqrt{\alpha_1} x_D}}{2} + \dfrac{\alpha_3}{\sqrt{\alpha_1}}\dfrac{e^{\sqrt{\alpha_1}(x_D - a_D)} - e^{-\sqrt{\alpha_1}(x_D - a_D)}}{2} + A\dfrac{Mh_D\sqrt{\alpha_2}}{\sqrt{\alpha_1}}\dfrac{e^{\sqrt{\alpha_1} x_D} - e^{-\sqrt{\alpha_1} x_D}}{2}, & x_D \geqslant a_D \\[4mm] A\dfrac{e^{\sqrt{\alpha_1} x_D} + e^{-\sqrt{\alpha_1} x_D}}{2} + A\dfrac{Mh_D\sqrt{\alpha_2}}{\sqrt{\alpha_1}}\dfrac{e^{\sqrt{\alpha_1} x_D} - e^{-\sqrt{\alpha_1} x_D}}{2}, & x_D < a_D \end{cases}$$
$$\tag{3.1.20}$$

再结合 x 方向外边界条件式（3.1.5），可求得系数 A 的表达式如下：

$$A = -\frac{\alpha_3 \mathrm{e}^{-\sqrt{\alpha_1} a_\mathrm{D}}}{\sqrt{\alpha_1} + Mh_\mathrm{D}\sqrt{\alpha_2}} \quad (3.1.21)$$

最终可得到在拉普拉斯—傅里叶空间中地层中任意一点的压力表达式如下：

$$\hat{\bar{p}}_{1\mathrm{D}}(x_\mathrm{D}, m, u) = -\frac{\alpha_3}{2\sqrt{\alpha_1}}\left[\mathrm{e}^{-\sqrt{\alpha_1}|x_\mathrm{D} - a_\mathrm{D}|} + \frac{\sqrt{\alpha_1} - Mh_\mathrm{D}\sqrt{\alpha_2}}{\sqrt{\alpha_1} + Mh_\mathrm{D}\sqrt{\alpha_2}}\mathrm{e}^{-\sqrt{\alpha_1}(x_\mathrm{D} + a_\mathrm{D})}\right], \quad x_\mathrm{D} \geqslant 0 \quad (3.1.22)$$

$$\hat{\bar{p}}_{2\mathrm{D}}(x_\mathrm{D}, m, u) = -\frac{\alpha_3 \mathrm{e}^{\sqrt{\alpha_2}x_\mathrm{D} - \sqrt{\alpha_1}a_\mathrm{D}}}{\sqrt{\alpha_1} + Mh_\mathrm{D}\sqrt{\alpha_2}}, \quad x_\mathrm{D} < 0 \quad (3.1.23)$$

令式（3.1.22）中的 $x_\mathrm{D} = a_\mathrm{D} - 1$，$y_\mathrm{D} = b_\mathrm{D}$，则可求得拉普拉斯—傅里叶空间中井底压力的表达式如下：

$$\hat{\bar{p}}_{\mathrm{wD}}(m, u) = -\frac{\alpha_3}{2\sqrt{\alpha_1}}\left[\mathrm{e}^{-\sqrt{\alpha_1}} + \frac{\sqrt{\alpha_1} - Mh_\mathrm{D}\sqrt{\alpha_2}}{\sqrt{\alpha_1} + Mh_\mathrm{D}\sqrt{\alpha_2}}\mathrm{e}^{-\sqrt{\alpha_1}(2a_\mathrm{D} - 1)}\right] \quad (3.1.24)$$

需要注意的是，上述试井解释模型中并未考虑井筒储集效应和表皮效应的影响，利用 Duhamel 原理，可通过下式将井筒储集效应和表皮效应叠加到上述推导结果中去：

$$\hat{\bar{p}}_{\mathrm{wfD}}(u) = \frac{1}{u}\frac{u\hat{\bar{p}}_{\mathrm{wD}}(u) + S}{1 + uC_\mathrm{D}\left(u\hat{\bar{p}}_{\mathrm{wD}}(u) + S\right)} \quad (3.1.25)$$

式中　$\hat{\bar{p}}_{\mathrm{wD}}$——未考虑井储和表皮效应影响的拉普拉斯—傅里叶空间内无因次井底压力；

　　　$\hat{\bar{p}}_{\mathrm{wfD}}$——考虑井储和表皮效应影响的拉普拉斯—傅里叶空间内无因次井底压力。

三、单一介质两区线性复合气藏典型曲线特征分析

对拉普拉斯—傅里叶空间中的井底压力进行数值拉普拉斯逆变换和有限傅里叶余弦逆变换，可得到实空间内的无因次井底拟压力的数值解，从而可绘制两区不等厚线性复合油气藏的典型曲线。下面对典型曲线特征及主要影响因素进行分析。

1. 井点位置的影响

图 3.1.2 为井位于条带状地层中部时，a_D 与 b_D 对典型曲线的影响。从图中可以看出，无论 a_D 与 b_D 取值如何，典型曲线早期都表现出井储阶段的特征，压力与压力导数曲线重合，二者均为斜率为 1 的直线。随着压力波的不断向外传播，当 t_D 较小时，压力波尚未传播到任何断层边界或界面，地层中表现出均质储层渗流特征，压力导数曲线表现为数值为 0.5 的水平线，该阶段持续时间的长短取决于 a_D 和 b_D 中的较小值。

当 $a_\mathrm{D}/b_\mathrm{D} < 1$ 时，如图 3.1.2 中的 $a_\mathrm{D}/w_\mathrm{D} = 0.025$ 情况，随着 t_D 不断增大，压力波首先传播到两区分界面处，由于此时压力波尚未传播到断层边界处，故压力导数曲线上出现第二个水平段。该水平段是两区作用的等效均质储层流动反映，其位置高低取决于两区物性的平均值。若流度比 M 与厚度比 h_D 的乘积大于 1，则该水平段位置低于数值为 0.5 的水平线；反之，若流度比 M 与厚度比 h_D 的乘积小于 1，该水平段位置高于数值为 0.5 的水平线。该水平段在压力波传播到平行断层边界时结束，其持续时间取决于井离平行断层边界的距离

b_D。由于井位于条带状地层中部（$b_D/w_D=0.5$），故压力波同时传到两平行断层边界处，之后地层中流动变为等效均质储层中的线性流，压力导数曲线表现为斜率为 1/2 的直线。

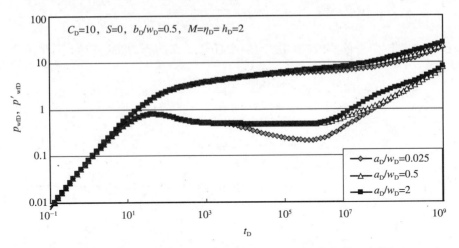

图 3.1.2　a_D 和 b_D 对典型曲线的影响（井位于条带状地层中部）

当 $a_D/b_D=1$ 时，如图 3.1.2 中的 $a_D/w_D=0.5$ 情况，经过早期井储流动和 I 区均质储层径向流阶段后，压力波同时传到两平行断层边界和区域交界面处。由于区域界面处物性发生突变，此时会出现一短暂的过渡阶段，过渡段形状及持续时间与流度比 M、厚度比 h_D 和导压系数比 η_D 有关。过渡段结束后，地层中流动进入等效均质储层线性流阶段，压力导数曲线表现为斜率为 1/2 的直线。

当 $a_D/b_D>1$ 时，如图 3.1.2 中的 $a_D/w_D=2$ 情况，经过早期井储流动和 I 区均质储层径向流阶段后，随着 t_D 不断增大，压力波首先传播到平行断层边界，地层中出现均质储层线性流，压力导数曲线表现为斜率 1/2 的直线，该阶段一直持续到压力波传播到区域界面 a_D 处为止。当压力波继续向外传播至两区界面时，由于界面处物性发生突变，典型曲线上会出现一过渡段，过渡段形状及持续时间与流度比 M、厚度比 h_D 和导压系数比 η_D 有关。过渡段结束后，地层中流动进入等效均质储层线性流阶段，压力导数曲线又出现斜率为 1/2 的直线。需要注意的是，第二次出现的 1/2 斜率直线段反映的是等效均质储层中的线性流，故与之前出现的 1/2 斜率直线段并不重合，两直线截距之差的大小与流度比和厚度比有关。

图 3.1.3 为井靠近一条断层边界时，a_D 和 b_D 对两区不等厚线性复合条带状气藏井底压力动态的影响。从图中可以看出，当压力波未传播到任何边界和界面之前，典型曲线表现出与图 3.1.2 完全一样的特征，即出现早期井储流动阶段和 I 区均质储层流动阶段。

随着压力波不断向外传播，当 $a_D/b_D<1$ 时，如图 3.1.3 中的 $a_D/w_D=0.025$ 情况，压力波首先传播到两区分界面，由于此时压力波尚未传播到断层边界处，故压力导数曲线上可观察到第二个水平段。同图 3.1.2 一样，该水平段反映的是两区平均作用的等效均质储层径向流阶段，水平段位置的高低取决于两区物性的平均值。当压力波继续向外传播时，由于井不处于条带状地层中心，故压力波首先传播到距井较近的一条断层边界处。受断层边界的影响，压力导数曲线出现第三个水平段，水平段对应的压力导数值为第二个水平段对应的压力导数值的 2 倍。第三个水平段的持续时间取决于井到另外一条断层边界的距离，距离越大，相应的水平段持续时间就越长。当压力波传播到另外一条断层边界时，地层中流动

变为等效均质储层线性流，压力导数曲线表现为 1/2 斜率直线。

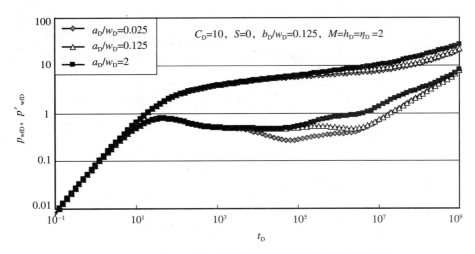

图 3.1.3 a_D 和 b_D 对典型曲线的影响（井靠近断层边界）

当 $a_D/b_D=1$ 时，如图 3.1.3 中的 $a_D/w_D=0.125$ 情况，经过早期井储流动和 I 区均质储层径向流阶段后，压力波同时传至区域交界面处和靠近井的断层边界处，此时的压力导数曲线形态是流度比 M、厚度比 h_D 和断层边界的综合作用效果，在图 3.1.3 中所示情况下， II 区物性变好与断层边界的作用几近抵消，故压力导数曲线保持为数值约等于 0.5 的水平线。最后，压力波传至另外一断层边界，地层中流动变为等效均质储层线性流，压力导数曲线表现为 1/2 斜率的直线。

当 $a_D/b_D>1$ 时，如图 3.1.3 中的 $a_D/w_D=2$ 情况，经过早期井储流动和 I 区均质储层径向流阶段后，压力波首先传至靠近井的断层边界处，受断层边界的影响，压力导数曲线由数值为 0.5 的水平线上升为数值为 1.0 的水平线。之后，压力波继续向外传播至另外一条断层边界处时，压力导数曲线出现斜率为 1/2 的直线，反映此时处于 I 区均质储层线性流阶段。随着 t_D 的不断增大，压力波最终传至区域交界面处，同图 3.1.2 一样，在一个过渡段后，地层中流动进入等效均质储层线性流阶段，压力导数曲线又出现斜率为 1/2 的直线。

2. 厚度比的影响

图 3.1.4 至图 3.1.6 显示了厚度比 h_D 对处于气藏中不同位置的井的井底压力动态曲线的影响。当 $a_D/b_D<1$ 时（图 3.1.4），厚度比 h_D 主要影响压力导数曲线上第二个水平段位置的高低，h_D 越大，说明 II 区地层供给能力越强，流体在地层中流动的压力损失就越小，反映等效均质储层径向流的第二个压力导数水平段位置就越低。相应的，最后出现的反映等效均质储层线性流的 1/2 斜率压力导数曲线位置也越靠下。

当 $a_D/b_D \geqslant 1$ 时，厚度比 h_D 主要影响最后等效均质储层线性流阶段的压力及压力导数曲线的位置，h_D 越大，则地层中压降损失就越小，相应的压力及压力导数曲线的位置越靠下。

3. 流度比的影响

图 3.1.7 至图 3.1.9 显示了流度比 M 对处于条带状气藏中不同位置的井的井底压力动态曲线的影响。从图中可以看出，流度比 M 对井底压力动态的影响与厚度比 h_D 对井底压力动态的影响类似。

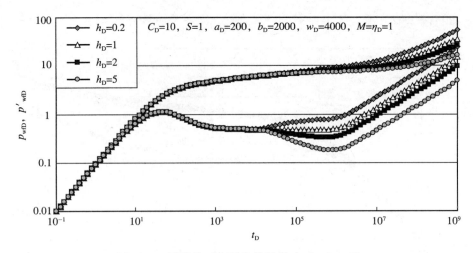

图 3.1.4　厚度比对典型曲线的影响（$a_D/b_D < 1$）

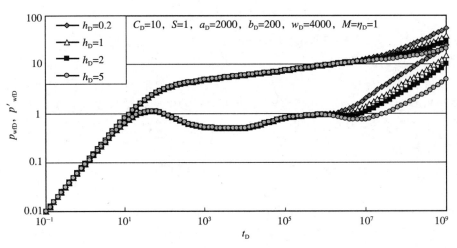

图 3.1.5　厚度比对典型曲线的影响（$a_D/b_D > 1$）

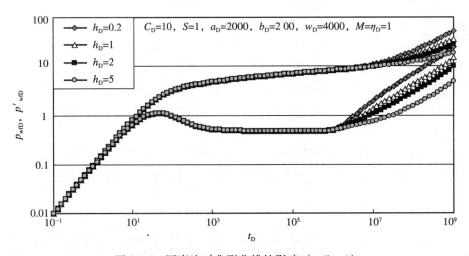

图 3.1.6　厚度比对典型曲线的影响（$a_D/b_D = 1$）

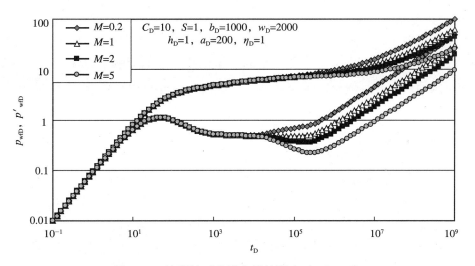

图 3.1.7　流度比对典型曲线的影响（$a_D/b_D < 1$）

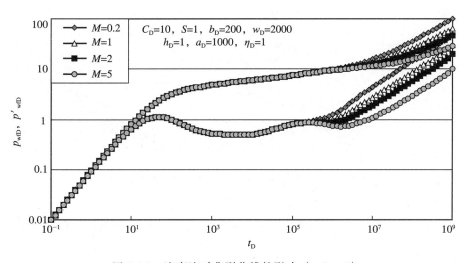

图 3.1.8　流度比对典型曲线的影响（$a_D/b_D > 1$）

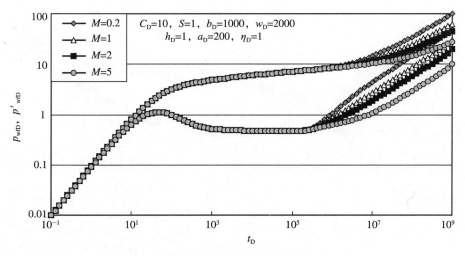

图 3.1.9　流度比对典型曲线的影响（$a_D/b_D = 1$）

4. 导压系数比的影响

图 3.1.10 至图 3.1.12 显示了导压系数比 η_D 对处于条带状气藏中不同位置的井的井底压力动态曲线的影响。从图中可以看出，η_D 对典型曲线形态的影响主要发生在压力波传播到区域交界面之后。在其他参数一定的情况下，η_D 越小，相应的压力及压力导数曲线位置越靠下。

5. 组合参数的影响

图 3.1.13、图 3.1.14 为组合参数 $Mh_D/\sqrt{\eta_D}$ 对处于条带状气藏中不同位置的井的井底压力动态曲线的影响。从图中可以看出，当井处于条带状地层中部，即 b_D/w_D=0.5 时，如图 3.1.13 所示，无论压力波是先传到断层边界还是先传到区域交界面，只要 $Mh_D/\sqrt{\eta_D}$ 值相等，相应的典型曲线就完全重合。当井不处于条带状地层中部，即 $b_D/w_D \neq 0.5$ 时，如图 3.1.14 所示，如果压力波先传播到断层边界（$a_D/b_D \geqslant 1$），则相等的 $Mh_D/\sqrt{\eta_D}$ 值所对应的典型曲线也完全重合；如果压力波先传到区域交界面（$a_D/b_D<1$），除了传到区域交界面之后的过渡段稍有偏离外，相等的 $Mh_D/\sqrt{\eta_D}$ 值所对应的典型曲线也几乎完全重合。

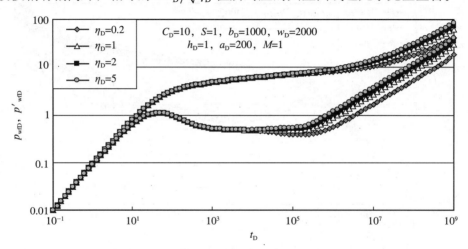

图 3.1.10 导压系数比对典型曲线的影响 ($a_D/b_D<1$)

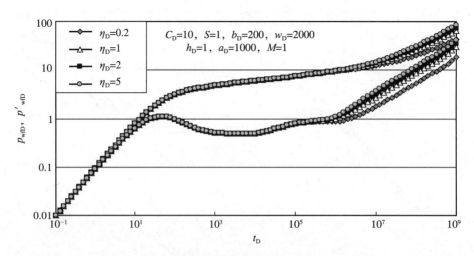

图 3.1.11 导压系数比对典型曲线的影响 ($a_D/b_D>1$)

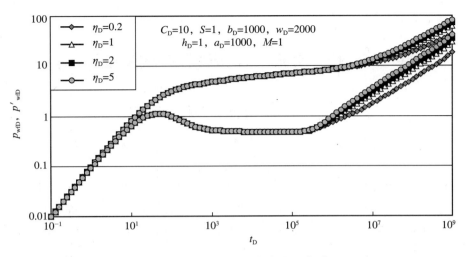

图 3.1.12　导压系数比对典型曲线的影响（$a_D/b_D=1$）

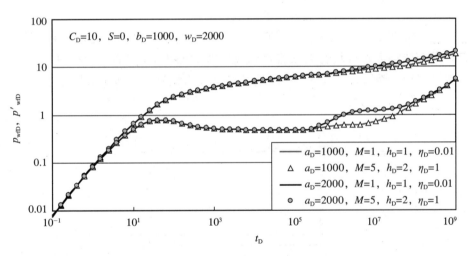

图 3.1.13　组合参数 $Mh_D/\sqrt{\eta_D}$ 对典型曲线的影响（井位于条带状地层中部）

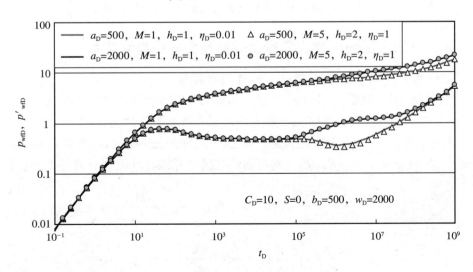

图 3.1.14　组合参数 $Mh_D/\sqrt{\eta_D}$ 对典型曲线的影响（井靠近断层边界）

第二节 单一介质三区线性复合气藏试井理论

一、单一介质三区线性复合气藏渗流物理模型和假设

考虑一顶底封闭且在平面上具有平行不渗透边界的条带状地层，建立渗流数学模型时，需进行如下假设：

（1）地层中存在物性不同的三个区域，井位于其中一个区域内，如图 3.2.1 所示，各区域的岩石性质、流体性质（渗透率 K、孔隙度 ϕ、储层厚度 h、压缩系数 C_g、流体黏度 μ 等）和储层有效厚度均不同，但同一区域内为均质地层，各区内的渗透率 K 和孔隙度 ϕ 等地层参数不随压力变化；

（2）单相气体等温渗流；

（3）考虑井筒储集效应和表皮效应的影响；

（4）区域界面宽度不计，储层性质在界面处发生突变，忽略界面处的流动阻力；

（5）各区流体渗流过程均符合线性渗流规律并忽略重力影响；

（6）气井以定产量 q_{sc} 生产，开井前地层各处压力相等，均为原始地层压力 p_i。

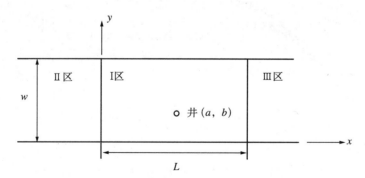

图 3.2.1　单一介质三区线性复合条带状油藏示意图

二、单一介质三区线性复合气藏试井解释数学模型及求解

1. 单一介质三区线性复合气藏试井解释数学模型

根据上述假设条件和图 3.2.1 中所建立的坐标系，以渗流力学理论为基础，可得到考虑地层厚度变化的三区线性复合条带状气藏无因次试井解释数学模型。

（1）渗流微分方程。将气井视为定产量线源，并假设各区内均为各向同性地层，即 $K_{1x}=K_{1y}=K_1$，$K_{2x}=K_{2y}=K_2$，$K_{3x}=K_{3y}=K_3$，则可得到三区的无因次渗流微分方程如下：

$$\frac{\partial^2 p_{1D}}{\partial x_D^2}+\left(\frac{\pi}{w_D}\right)^2\frac{\partial^2 p_{1D}}{\partial y_D^2}+\frac{2\pi^2}{w_D}\delta\left(x_D-a_D\right)\delta\left(y_D-b_D\right)=\frac{\partial p_{1D}}{\partial t_D}\text{，}0\leqslant x_D\leqslant L_D \tag{3.2.1}$$

$$\frac{\partial^2 p_{2D}}{\partial x_D^2}+\left(\frac{\pi}{w_D}\right)^2\frac{\partial^2 p_{2D}}{\partial y_D^2}=\frac{1}{\eta_{21}}\frac{\partial p_{2D}}{\partial t_D}\text{，}x_D<0 \tag{3.2.2}$$

$$\frac{\partial^2 p_{3D}}{\partial x_D^2} + \left(\frac{\pi}{w_D}\right)^2 \frac{\partial^2 p_{3D}}{\partial y_D^2} = \frac{1}{\eta_{31}}\frac{\partial p_{3D}}{\partial t_D} \ , \ x_D > L_D \tag{3.2.3}$$

（2）初始条件：

$$p_{1D}\big|_{t_D=0} = p_{2D}\big|_{t_D=0} = p_{3D}\big|_{t_D=0} = 0 \tag{3.2.4}$$

（3）边界条件。条带状地层在 x 方向无限延伸，故 x 方向外边界条件可写为：

$$\lim_{x_D \to -\infty} p_{2D} = 0 \tag{3.2.5}$$

$$\lim_{x_D \to \infty} p_{3D} = 0 \tag{3.2.6}$$

条带状地层在 y 方向具有平行不渗透边界，故 y 方向外边界条件可写为：

$$\frac{\partial p_{1D}}{\partial y_D}\bigg|_{y_D=\pi} = \frac{\partial p_{1D}}{\partial y_D}\bigg|_{y_D=0} = 0 \tag{3.2.7}$$

$$\frac{\partial p_{2D}}{\partial y_D}\bigg|_{y_D=\pi} = \frac{\partial p_{2D}}{\partial y_D}\bigg|_{y_D=0} = 0 \tag{3.2.8}$$

$$\frac{\partial p_{3D}}{\partial y_D}\bigg|_{y_D=\pi} = \frac{\partial p_{3D}}{\partial y_D}\bigg|_{y_D=0} = 0 \tag{3.2.9}$$

（4）连接条件。在不连续界面处，应该满足压力相等与流量相等条件。
不连续界面处压力相等：

$$p_{1D}\big|_{x_D=0} = p_{2D}\big|_{x_D=0} \tag{3.2.10}$$

$$p_{1D}\big|_{x_D=L_D} = p_{3D}\big|_{x_D=L_D} \tag{3.2.11}$$

不连续界面处流量相等：

$$\frac{\partial p_{1D}}{\partial x_D}\bigg|_{x_D=0} = M_{21}h_{21}\frac{\partial p_{2D}}{\partial x_D}\bigg|_{x_D=0} \tag{3.2.12}$$

$$\frac{\partial p_{1D}}{\partial x_D}\bigg|_{x_D=L_D} = M_{31}h_{31}\frac{\partial p_{3D}}{\partial x_D}\bigg|_{x_D=L_D} \tag{3.2.13}$$

式中　L_D——无因次 I 区地层长度，无因次；

　　　M_{21}，M_{31}——流度比，无因次；

　　　h_{21}，h_{31}——厚度比，无因次；

　　　η_{21}，η_{31}——导压系数比，无因次。

上述模型中涉及的无因次变量均是基于 I 区储层和流体物性而定义的，具体表达式如下所示：

$$p_{jD} = \frac{\pi K_1 h_1 T_{sc}}{q_{sc} p_{sc} T}(\psi_i - \psi_j), \ j=1,2,3, \quad p_{wfD} = \frac{\pi K_1 h_1 T_{sc}}{q_{sc} p_{sc} T}(\psi_i - \psi_{wf})$$

$$t_D = \frac{K_1 t}{\phi_1 \mu_{1,i} C_{g1,i} r_w^2}, \quad C_D = \frac{C}{2\pi h_1 \phi_1 C_{g1,i} r_w^2}, \quad r_D = \frac{r}{r_w e^{-S}}$$

$$x_D = \frac{x}{r_w}, \quad a_D = \frac{a}{r_w}, \quad w_D = \frac{w}{r_w}, \quad y_D = \frac{\pi}{w_D}\frac{y}{r_w}, \quad b_D = \frac{\pi}{w_D}\frac{b}{r_w}, \quad L_D = \frac{L}{r_w}$$

$$M_{21} = \frac{K_2}{K_1}, \quad M_{31} = \frac{K_3}{K_1}, \quad h_{21} = \frac{h_2}{h_1}, \quad h_{31} = \frac{h_3}{h_1}$$

$$\eta_{21} = \frac{K_2 / (\phi_2 \mu_{2,i} C_{g2,i})}{K_1 / (\phi_1 \mu_{1,i} C_{g1,i})}, \quad \eta_{31} = \frac{K_3 / (\phi_3 \mu_{3,i} C_{g3,i})}{K_1 / (\phi_1 \mu_{1,i} C_{g1,i})}$$

2. 单一介质三区线性复合气藏试井解释数学模型的求解

对上述无因次试井解释模型的求解需要用到有限傅里叶余弦变换和拉普拉斯变换方法。结合初始条件式（3.2.4）、y 方向外边界条件式（3.2.7）至式（3.2.9），对无因次渗流微分方程式（3.2.1）至式（3.2.3）取基于 y_D 的有限傅里叶余弦变换和基于 t_D 的拉普拉斯变换，可得到：

$$\frac{d^2 \hat{\bar{p}}_{1D}}{dx_D^2} - \left[\left(\frac{m\pi}{w_D} \right)^2 + u \right] \hat{\bar{p}}_{1D} = -\frac{2\pi^2 \cos(mb_D)}{uw_D} \delta(x_D - a_D), \quad 0 \leqslant x_D \leqslant L_D \tag{3.2.14}$$

$$\frac{d^2 \hat{\bar{p}}_{2D}}{dx_D^2} - \left[\left(\frac{m\pi}{w_D} \right)^2 + \frac{u}{\eta_{21}} \right] \hat{\bar{p}}_{2D} = 0, \quad x_D < 0 \tag{3.2.15}$$

$$\frac{d^2 \hat{\bar{p}}_{3D}}{dx_D^2} - \left[\left(\frac{m\pi}{w_D} \right)^2 + \frac{u}{\eta_{31}} \right] \hat{\bar{p}}_{3D} = 0, \quad x_D > L_D \tag{3.2.16}$$

定义 $\alpha_1 = \left(\frac{m\pi}{w_D} \right)^2 + u$, $\alpha_2 = \left(\frac{m\pi}{w_D} \right)^2 + \frac{u}{\eta_{21}}$, $\alpha_3 = -\frac{2\pi^2 \cos(mb_D)}{uw_D}$, $\alpha_4 = \left(\frac{m\pi}{w_D} \right)^2 + \frac{u}{\eta_{31}}$, 则式（3.2.14）至式（3.2.16）变为：

$$\frac{d^2 \hat{\bar{p}}_{1D}}{dx_D^2} - \alpha_1 \hat{\bar{p}}_{1D} = \alpha_3 \delta(x_D - a_D), \quad 0 \leqslant x_D \leqslant L_D \tag{3.2.17}$$

$$\frac{d^2 \hat{\bar{p}}_{2D}}{dx_D^2} - \alpha_2 \hat{\bar{p}}_{2D} = 0, \quad x_D < 0 \tag{3.2.18}$$

$$\frac{d^2 \hat{\bar{p}}_{3D}}{dx_D^2} - \alpha_4 \hat{\bar{p}}_{3D} = 0, \quad x_D > L_D \tag{3.2.19}$$

根据常微分方程的知识，可以很容易地得到式（3.2.18）和式（3.2.19）的通解如下：

$$\hat{\bar{p}}_{2D} = A e^{\sqrt{\alpha_2} x_D} + B e^{-\sqrt{\alpha_2} x_D} \tag{3.2.20}$$

$$\hat{\bar{p}}_{3D} = C e^{\sqrt{\alpha_4} x_D} + D e^{-\sqrt{\alpha_4} x_D} \tag{3.2.21}$$

式中 A，B，C，D——系数，由边界条件和连接条件确定。

利用 x 方向外边界条件式（3.2.5），$x_D \to -\infty$ 时，$\hat{\bar{p}}_{2D} = 0$，故可推得 $B=0$，式（3.2.20）变为：

$$\hat{\bar{p}}_{2D} = A \mathrm{e}^{\sqrt{\alpha_2} x_D} \tag{3.2.22}$$

利用 x 方向外边界条件式（3.2.6），$x_D \to \infty$ 时，$\hat{\bar{p}}_{3D} = 0$，故可推得 $C=0$，式（3.2.21）变为：

$$\hat{\bar{p}}_{3D} = D \mathrm{e}^{-\sqrt{\alpha_4} x_D} \tag{3.2.23}$$

由于式（3.2.17）的右端含有 δ 函数，因此无法直接求得其通解，需要对其再进行一次拉普拉斯变换。对式（3.2.17）取基于 x_D 的拉普拉斯变换，可得到：

$$s^2 W_1 - s\hat{\bar{p}}_{1D}(x_D = 0) - \frac{\partial \hat{\bar{p}}_{1D}}{\partial x_D}(x_D = 0) - \alpha_1 W_1 = \alpha_3 \mathrm{e}^{-a_D s} \tag{3.2.24}$$

式（3.2.24）为简单的数学方程，对其求解可得到 W_1 的表达式如下：

$$W_1 = \frac{\alpha_3 \mathrm{e}^{-a_D s} + s\hat{\bar{p}}_{1D}(x_D = 0) + \frac{\partial \hat{\bar{p}}_{1D}}{\partial x_D}(x_D = 0)}{s^2 - \alpha_1} \tag{3.2.25}$$

对式（3.2.25）中的各项进行拉普拉斯逆变换，并将 $x_D=0$ 处的连接条件代入，可得到：

$$\hat{\bar{p}}_{1D} = \frac{\alpha_3}{\sqrt{\alpha_1}} \frac{\mathrm{e}^{\sqrt{\alpha_1}(x_D - a_D)} - \mathrm{e}^{-\sqrt{\alpha_1}(x_D - a_D)}}{2} H(x_D - a_D)$$
$$+ A \frac{\mathrm{e}^{\sqrt{\alpha_1} x_D} + \mathrm{e}^{-\sqrt{\alpha_1} x_D}}{2} + \frac{A M_{21} h_{21} \sqrt{\alpha_2}}{\sqrt{\alpha_1}} \frac{\mathrm{e}^{\sqrt{\alpha_1} x_D} - \mathrm{e}^{-\sqrt{\alpha_1} x_D}}{2} \tag{3.2.26}$$

式中，$H(\ )$——单位阶跃函数。

结合 $x_D = L_D$ 处的连接条件，可得到：

$$\frac{\alpha_3}{\sqrt{\alpha_1}} \frac{\mathrm{e}^{\sqrt{\alpha_1}(L_D - a_D)} - \mathrm{e}^{-\sqrt{\alpha_1}(L_D - a_D)}}{2} + A \frac{\mathrm{e}^{\sqrt{\alpha_1} L_D} + \mathrm{e}^{-\sqrt{\alpha_1} L_D}}{2} + \frac{A M_{21} h_{21} \sqrt{\alpha_2}}{\sqrt{\alpha_1}} \frac{\mathrm{e}^{\sqrt{\alpha_1} L_D} - \mathrm{e}^{-\sqrt{\alpha_1} L_D}}{2} = D \mathrm{e}^{-\sqrt{\alpha_4} L_D} \tag{3.2.27}$$

$$\frac{\alpha_3}{2}\left[\mathrm{e}^{\sqrt{\alpha_1}(L_D - a_D)} + \mathrm{e}^{-\sqrt{\alpha_1}(L_D - a_D)} \right] + A\sqrt{\alpha_1} \frac{\mathrm{e}^{\sqrt{\alpha_1} L_D} - \mathrm{e}^{-\sqrt{\alpha_1} L_D}}{2} + \frac{A M_{21} h_{21} \sqrt{\alpha_2} \left(\mathrm{e}^{\sqrt{\alpha_1} L_D} + \mathrm{e}^{-\sqrt{\alpha_1} L_D} \right)}{2}$$
$$= -D\sqrt{\alpha_4} M_{31} h_{31} \mathrm{e}^{-\sqrt{\alpha_4} L_D} \tag{3.2.28}$$

式（3.2.27）和式（3.2.28）联立求解，可得到：

$$\hat{\bar{p}}_{1D}(x_D, m, u)$$
$$= \frac{\alpha_3}{2\sqrt{\alpha_1}}\left[\mathrm{e}^{\sqrt{\alpha_1}(x_D - a_D)} - \mathrm{e}^{-\sqrt{\alpha_1}(x_D - a_D)} \right] H(x_D - a_D)$$
$$+ \frac{\alpha_3}{2\sqrt{\alpha_1}} \frac{g\mathrm{e}^{\sqrt{\alpha_1}(x_D - L_D + a_D)} - \mathrm{e}^{\sqrt{\alpha_1}(x_D + L_D - a_D)} + fg\mathrm{e}^{-\sqrt{\alpha_1}(x_D + L_D - a_D)} - f\mathrm{e}^{-\sqrt{\alpha_1}(x_D - L_D + a_D)}}{\mathrm{e}^{\sqrt{\alpha_1} L_D} + fg\mathrm{e}^{-\sqrt{\alpha_1} L_D}} \tag{3.2.29}$$

式中，$f=\dfrac{\sqrt{\alpha_1}-M_{21}h_{21}\sqrt{\alpha_2}}{\sqrt{\alpha_1}+M_{21}h_{21}\sqrt{\alpha_2}}$，$g=\dfrac{M_{31}h_{31}\sqrt{\alpha_4}-\sqrt{\alpha_1}}{M_{31}h_{31}\sqrt{\alpha_4}+\sqrt{\alpha_1}}$。

令式（3.2.29）中的 $x_D=a_D-1$，$y_D=b_D$，则可求得拉普拉斯—傅里叶空间中井底压力的表达式如下：

$$\hat{\bar{p}}_{wD}(m,u)=\frac{\alpha_3}{2\sqrt{\alpha_1}}\cdot\frac{ge^{\sqrt{\alpha_1}(2a_D-L_D-1)}-e^{\sqrt{\alpha_1}(L_D-1)}+fge^{-\sqrt{\alpha_1}(L_D-1)}-fe^{-\sqrt{\alpha_1}(2a_D-L_D-1)}}{e^{\sqrt{\alpha_1}L_D}+fge^{-\sqrt{\alpha_1}L_D}} \tag{3.2.30}$$

同样的，可以利用 Duhamel 原理将井筒储集效应和表皮效应叠加到上述推导结果中去，最终求得考虑井储和表皮效应影响的拉普拉斯—傅里叶空间内无因次井底压力。

三、单一介质三区线性复合气藏典型曲线特征分析

对拉普拉斯—傅里叶空间中的井底压力进行数值拉普拉斯逆变换和有限傅里叶余弦逆变换，可得到实空间内的无因次井底拟压力的数值解，从而可绘制三区不等厚线性复合气藏的典型曲线。下面对典型曲线特征及主要影响因素进行分析。

1. 流度比的影响

图 3.2.2、图 3.2.3 为 Ⅱ、Ⅲ 区流度相等时，流度比对典型曲线的影响。当 $a_D>b_D$ 时，如图 3.2.2 所示，经历了早期井储阶段和 Ⅰ 区径向流阶段后，压力波首先传播到平行断层边界，压力导数曲线表现为 1/2 斜率直线。当压力波继续向外传播至区域交界面后，流度比 M_{21} 和 M_{31} 对典型曲线的影响才开始显现出来。当 $M_{21}=M_{31}=1$ 时，压力导数曲线继续保持为 1/2 斜率直线；当 $M_{21}=M_{31}<1$ 时，Ⅱ 区和 Ⅲ 区物性变差，流体流动消耗的压降增大，压力导数曲线上升，图中还给出了外区物性变差极限情况下的典型曲线（$M_{21}=M_{31}=0.1$），此时典型曲线表现出封闭地层的流动特征，压力导数曲线不再为原来的 1/2 斜率直线，而是变为斜率接近 1 的直线；当 $M_{21}=M_{31}>1$ 时，储层平均流动性能变好，流体流动消耗的压降变小，压力及压力导数曲线下掉，典型曲线上相应地出现一个过渡段，当过渡段结束后，典型曲线依然表现出等效均质储层线性流特征，即压力导数曲线依然为 1/2 斜率直线，但与 $M_{21}=M_{31}=1$ 所对应的曲线相比，曲线位置整体下移。

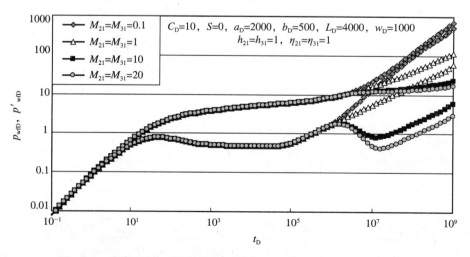

图 3.2.2　流度比 M_{21} 与 M_{31} 对典型曲线的影响（$M_{21}=M_{31}$ 且 $a_D>b_D$）

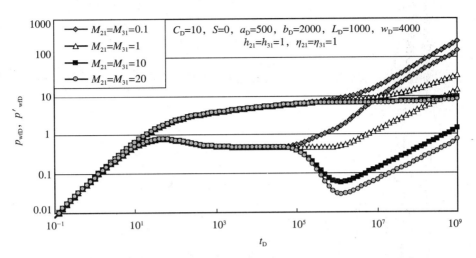

图 3.2.3 流度比 M_{21} 与 M_{31} 对典型曲线的影响（$M_{21}=M_{31}$ 且 $a_D<b_D$）

当 $a_D<b_D$ 时，如图 3.2.3 所示，流度比对典型曲线形状的影响与图 3.2.2 类似，不同的是，由于压力波是首先传播到区域交界面处，故此时的压力导数曲线少了早期的 1/2 斜率直线段。此外，图 3.2.3 中也给出了极限情况下（$M_{21}=M_{31}=0.1$）的井底压力典型曲线。

图 3.2.4、图 3.2.5 为 II、III 区流度不相等时，流度比 M_{31} 对三区不等厚线性复合条带状油藏典型曲线的影响。从图中可以看出，典型曲线形态及流度比的影响都与图 3.2.2、图 3.2.3 类似。

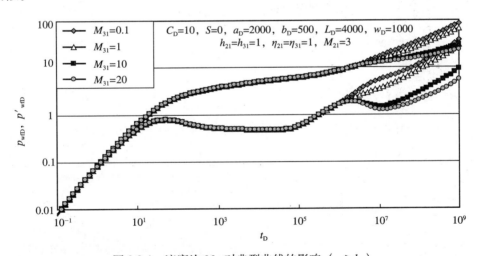

图 3.2.4 流度比 M_{31} 对典型曲线的影响（$a_D>b_D$）

2. 厚度比的影响

图 3.2.6 至图 3.2.9 为不同情况下的厚度比对典型曲线的影响。从图中可以看出，厚度比对典型曲线的影响和流度比对典型曲线的影响类似。

3. 导压系数比的影响

图 3.2.10 和图 3.2.11 为导压系数对三区不等厚线性复合条带状气藏典型曲线的影响。从图中可以看出，导压系数主要影响压力波传播到区域交界面之后的井底压力动态，其他参数一定时，导压系数越大，压力及压力导数曲线位置越靠上。

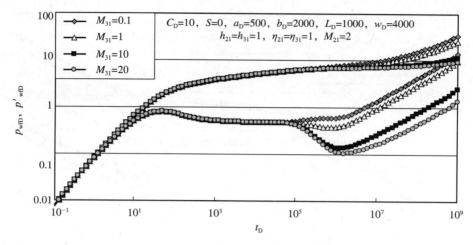

图 3.2.5　流度比 M_{31} 对典型曲线的影响（$a_D < b_D$）

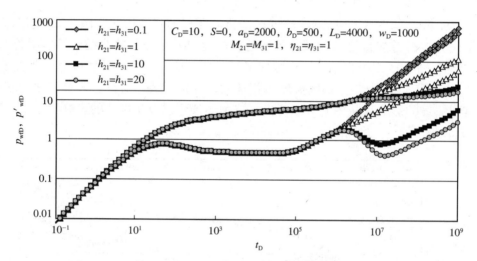

图 3.2.6　厚度比 h_{21} 与 h_{31} 对典型曲线的影响（$h_{21} = h_{31}$ 且 $a_D > b_D$）

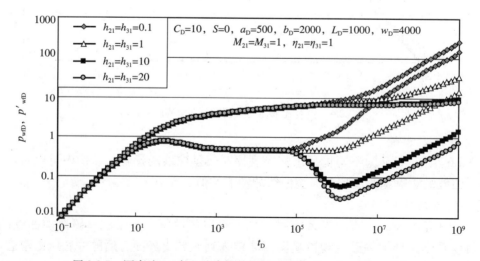

图 3.2.7　厚度比 h_{21} 与 h_{31} 对典型曲线的影响（$h_{21} = h_{31}$ 且 $a_D < b_D$）

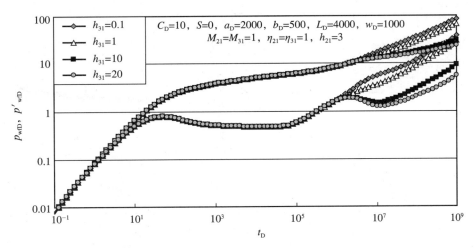

图 3.2.8 厚度比 h_{31} 对典型曲线的影响（$a_D > b_D$）

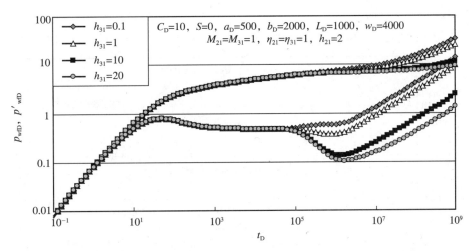

图 3.2.9 厚度比 h_{31} 对典型曲线的影响（$a_D < b_D$）

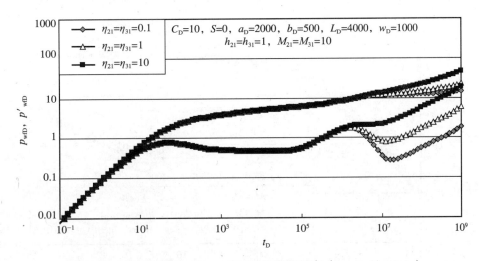

图 3.2.10 导压系数 η_{21} 与 η_{31} 对典型曲线的影响（$\eta_{21} = \eta_{31}$ 且 $a_D > b_D$）

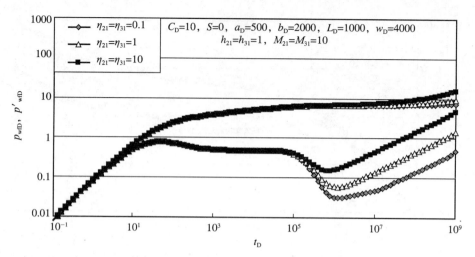

图 3.2.11　导压系数 η_{21} 与 η_{31} 对典型曲线的影响（$\eta_{21}=\eta_{31}$ 且 $a_D<b_D$）

4. 组合参数的影响

图 3.2.12 和图 3.2.13 为组合参数 $M_{21}h_{21}/\sqrt{\eta_{21}}$ 和 $M_{31}h_{31}/\sqrt{\eta_{31}}$ 对典型曲线的影响。从图

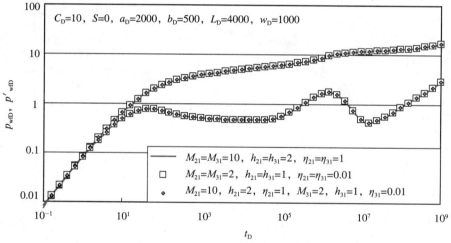

图 3.2.12　组合参数对典型曲线的影响（$a_D>b_D$）

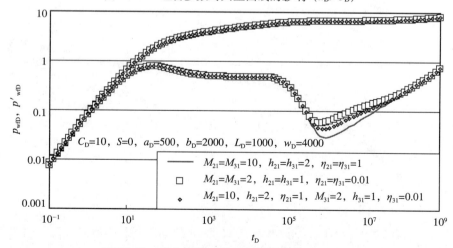

图 3.2.13　组合参数对典型曲线的影响（$a_D<b_D$）

中可以看出，当 $a_D > b_D$ 时，即压力波先传播到断层边界，$M_{21}h_{21}/\sqrt{\eta_{21}}$ 和 $M_{31}h_{31}/\sqrt{\eta_{31}}$ 分别相等的典型曲线完全重合；当 $a_D > b_D$ 时，即压力波先传播到区域交界面处，除了传到交界面之后的过渡段稍有偏离外，$M_{21}h_{21}/\sqrt{\eta_{21}}$ 和 $M_{31}h_{31}/\sqrt{\eta_{31}}$ 分别相等的典型曲线也几乎完全重合。

第三节　双重介质两区线性复合气藏试井理论

一、双重介质两区线性复合气藏渗流物理模型和假设

考虑一顶底封闭且在平面上具有平行不渗透边界的条带状双重介质地层，建立渗流数学模型时，需进行如下假设：

（1）条带状地层存在物性不同的两个半无限大区域，井位于其中一个区域内，如图3.3.1 所示，两区的岩石性质、流体性质（渗透率 K_f 和 K_m、孔隙度 ϕ_f 和 ϕ_m、储层厚度 h、压缩系数 C_{fg} 和 C_{mg}、流体黏度 μ 等）和储层有效厚度均不同，但同一区域内为均质地层，各区内的渗透率和孔隙度等地层参数不随压力变化；

（2）裂缝渗透率远大于基质渗透率，即 $K_f \gg K_m$，流体只能由裂缝系统流向井筒；

（3）基岩内部不存在流动，基质向裂缝的窜流为拟稳态窜流；

（4）单相气体等温渗流；

（5）考虑井筒储集效应和表皮效应的影响；

（6）区域界面宽度不计，储层性质在界面处发生突变，忽略界面处的流动阻力；

（7）各区流体渗流过程均符合线性渗流规律并忽略重力影响；

（8）气井以定产量 q_{sc} 生产，开井前地层各处压力相等，均为原始地层压力 p_i。

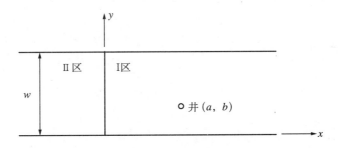

图 3.3.1　双重介质两区线性复合条带状气藏示意图

二、双重介质两区线性复合气藏试井解释数学模型及求解

1. 双重介质两区线性复合气藏试井解释数学模型

根据上述假设条件和图 3.3.1 中所建立的坐标系，以渗流力学理论为基础，可得到考虑地层厚度变化的双重介质两区线性复合条带状气藏无因次试井解释数学模型。

（1）渗流微分方程。将井视为定产量线源，并假设各区内均为各向同性地层，即 $K_{f1x}=K_{f1y}=K_{f1}$，$K_{m1x}=K_{m1y}=K_{m1}$，$K_{f2x}=K_{f2y}=K_{f2}$ 和 $K_{m2x}=K_{m2y}=K_{m2}$，则可得到双重介质两区的无因

次渗流微分方程如下：

Ⅰ区裂缝系统：

$$\frac{\partial^2 p_{Df1}}{\partial x_D^2} + \left(\frac{\pi}{w_D}\right)^2 \frac{\partial^2 p_{Df1}}{\partial y_D^2} + \frac{2\pi^2}{w_D}\delta(x_D - a_D)\delta(y_D - b_D) - \lambda_1(p_{Df1} - p_{Dm1}) = \omega_1 \frac{\partial p_{Df1}}{\partial t_D}, \quad x_D \geqslant 0$$
(3.3.1)

Ⅰ区基质系统：

$$(1 - \omega_1)\frac{\partial p_{Dm1}}{\partial t_D} - \lambda_1(p_{Df1} - p_{Dm1}) = 0, \quad x_D \geqslant 0 \tag{3.3.2}$$

Ⅱ区裂缝系统：

$$\frac{\partial^2 p_{Df2}}{\partial x_D^2} + \left(\frac{\pi}{w_D}\right)^2 \frac{\partial^2 p_{Df2}}{\partial y_D^2} - \lambda_2(p_{Df2} - p_{Dm2}) = \frac{\omega_2}{\eta_D}\frac{\partial p_{Df2}}{\partial t_D}, \quad x_D < 0 \tag{3.3.3}$$

Ⅱ区基质系统：

$$(1 - \omega_2)\frac{\partial p_{Dm2}}{\partial t_D} - \lambda_2\eta_D(p_{Df2} - p_{Dm2}) = 0, \quad x_D < 0 \tag{3.3.4}$$

（2）初始条件：

$$p_{Df1}\big|_{t_D=0} = p_{Df2}\big|_{t_D=0} = p_{Dm1}\big|_{t_D=0} = p_{Dm2}\big|_{t_D=0} = 0 \tag{3.3.5}$$

（3）边界条件。条带状地层在 x 方向无限延伸，故 x 方向外边界条件可写为：

$$\lim_{x_D\to\infty} p_{Df1} = 0 \tag{3.3.6}$$

$$\lim_{x_D\to-\infty} p_{Df2} = 0 \tag{3.3.7}$$

条带状地层在 y 方向具有平行不渗透边界，故 y 方向外边界条件可写为：

$$\frac{\partial p_{Df1}}{\partial y_D}\bigg|_{y_D=\pi} = \frac{\partial p_{Df1}}{\partial y_D}\bigg|_{y_D=0} = 0 \tag{3.3.8}$$

$$\frac{\partial p_{Df2}}{\partial y_D}\bigg|_{y_D=\pi} = \frac{\partial p_{Df2}}{\partial y_D}\bigg|_{y_D=0} = 0 \tag{3.3.9}$$

（4）连接条件。在不连续界面处，应该满足压力相等与流量相等条件。

$$p_{Df1}\big|_{x_D=0} = p_{Df2}\big|_{x_D=0} \tag{3.3.10}$$

$$\frac{\partial p_{Df1}}{\partial x_D}\bigg|_{x_D=0} = Mh_D\frac{\partial p_{Df2}}{\partial x_D}\bigg|_{x_D=0} \tag{3.3.11}$$

式中，下标 f 与 m 分别代表裂缝系统和基质系统。

上述模型中涉及的无因次变量均是基于Ⅰ区储层和流体物性而定义的，具体表达式如下：

$$p_{Dfj} = \frac{\pi K_{f1} h_1 T_{sc}}{q_{sc} p_{sc} T}\left(\psi_i - \psi_{fj}\right), \quad p_{Dmj} = \frac{\pi K_{f1} h_1 T_{sc}}{q_{sc} p_{sc} T}\left(\psi_i - \psi_{mj}\right), \; j = 1, 2$$

$$p_{wfD} = \frac{\pi K_{f1} h_1 T_{sc}}{q_{sc} p_{sc} T}\left(\psi_i - \psi_{wf}\right), \quad t_D = \frac{K_{f1} t}{\left(\phi_1 C_{g1,i}\right)_{f+m} \mu_{1,i} r_w^2}, \quad C_D = \frac{C}{2\pi h_1 \left(\phi_1 C_{g1,i}\right)_{f+m} r_w^2}$$

$$x_D = \frac{x}{r_w}, \quad a_D = \frac{a}{r_w}, \quad w_D = \frac{w}{r_w}, \quad y_D = \frac{\pi}{w_D}\frac{y}{r_w}, \quad b_D = \frac{\pi}{w_D}\frac{b}{r_w}$$

$$M = \frac{K_{f2}}{K_{f1}}, \quad h_D = \frac{h_2}{h_1}, \quad \eta_D = \frac{K_{f2}/\left[\mu_{2,i}\left(\phi_2 C_{g2,i}\right)_{f+m}\right]}{K_{f1}/\left[\mu_{1,i}\left(\phi_1 C_{g1,i}\right)_{f+m}\right]}$$

$$\lambda_j = \alpha \frac{K_{mj}}{K_{fj}} r_w^2, \quad \omega_j = \frac{\left(\phi_j C_{gj,i}\right)_f}{\left(\phi_j C_{gj,i}\right)_{f+m}}, \; j = 1, 2$$

2. 双重介质两区线性复合气藏试井解释数学模型的求解

对上述无因次试井解释模型的求解需要用到有限傅里叶余弦变换和拉普拉斯变换方法。结合初始条件式（3.3.5）、y 方向外边界条件式（3.3.8）和式（3.3.9），对无因次渗流微分方程式（3.3.1）至式（3.3.4）取基于 y_D 的有限傅里叶余弦变换和基于 t_D 的拉普拉斯变换，并进行联立化简，可得到：

$$\frac{\mathrm{d}^2 \hat{\bar{p}}_{Df1}}{\mathrm{d}x_D^2} - \left[\left(\frac{m\pi}{w_D}\right)^2 + u\omega_1 + \frac{\lambda_1 u\left(1 - \omega_1\right)}{\lambda_1 + u\left(1 - \omega_1\right)}\right]\hat{\bar{p}}_{Df1} = -\frac{2\pi^2 \cos\left(mb_D\right)}{uw_D}\delta\left(x_D - a_D\right), \; x_D \geqslant 0 \quad (3.3.12)$$

$$\frac{\mathrm{d}^2 \hat{\bar{p}}_{Df2}}{\mathrm{d}x_D^2} - \left[\left(\frac{m\pi}{w_D}\right)^2 + \frac{u\omega_2}{\eta_D} + \frac{\lambda_2 u\left(1 - \omega_2\right)}{\lambda_2 \eta_D + u\left(1 - \omega_2\right)}\right]\hat{\bar{p}}_{Df2} = 0, \; x_D < 0 \quad (3.3.13)$$

定义 $\quad \alpha_1 = \left(\frac{m\pi}{w_D}\right)^2 + u\omega_1 + \frac{\lambda_1 u\left(1 - \omega_1\right)}{\lambda_1 + u\left(1 - \omega_1\right)}$，$\quad \alpha_2 = \left(\frac{m\pi}{w_D}\right)^2 + \frac{u\omega_2}{\eta_D} + \frac{\lambda_2 u\left(1 - \omega_2\right)}{\lambda_2 \eta_D + u\left(1 - \omega_2\right)}$，

$\alpha_3 = -\frac{2\pi^2 \cos\left(mb_D\right)}{uw_D}$，则式（3.3.12）与式（3.3.13）变为：

$$\frac{\mathrm{d}^2 \hat{\bar{p}}_{Df1}}{\mathrm{d}x_D^2} - \alpha_1 \hat{\bar{p}}_{Df1} = \alpha_3 \delta\left(x_D - a_D\right), \; x_D \geqslant 0 \quad (3.3.14)$$

$$\frac{\mathrm{d}^2 \hat{\bar{p}}_{Df2}}{\mathrm{d}x_D^2} - \alpha_2 \hat{\bar{p}}_{Df2} = 0, \; x_D < 0 \quad (3.3.15)$$

根据常微分方程的知识，可以很容易地得到式（3.3.15）的通解如下：

$$\hat{\bar{p}}_{Df2} = A\mathrm{e}^{\sqrt{\alpha_2}x_D} + B\mathrm{e}^{-\sqrt{\alpha_2}x_D} \quad (3.3.16)$$

式中 A, B——系数, 由边界条件和连接条件确定。

利用 x 方向外边界条件式 (3.3.7), $x_D \to -\infty$ 时, $\hat{\bar{p}}_{2D} = 0$, 故可推得 $B=0$, 式 (3.3.16) 变为:

$$\hat{\bar{p}}_{Df2} = A e^{\sqrt{\alpha_2} x_D} \tag{3.3.17}$$

由于式 (3.3.14) 的右端含有 δ 函数, 因此无法直接求得其通解, 需要对其再进行一次拉普拉斯变换。对式 (3.3.14) 取基于 x_D 的拉普拉斯变换, 可得到:

$$s^2 W_1 - s\hat{\bar{p}}_{Df1}(x_D = 0) - \frac{\partial \hat{\bar{p}}_{Df1}}{\partial x_D}(x_D = 0) - \alpha_1 W_1 = \alpha_3 e^{-a_D s} \tag{3.3.18}$$

式 (3.3.18) 为简单的数学方程, 对其求解可得到 W_1 的表达式如下:

$$W_1 = \frac{\alpha_3 e^{-a_D s} + s\hat{\bar{p}}_{Df1}(x_D = 0) + \frac{\partial \hat{\bar{p}}_{Df1}}{\partial x_D}(x_D = 0)}{s^2 - \alpha_1} \tag{3.3.19}$$

对式 (3.3.19) 中的各项进行拉普拉斯逆变换, 并将连接条件代入, 可得到:

$$\hat{\bar{p}}_{Df1}(x_D, m, u)$$
$$= \begin{cases} A\dfrac{e^{\sqrt{\alpha_1} x_D} + e^{-\sqrt{\alpha_1} x_D}}{2} + \dfrac{\alpha_3}{\sqrt{\alpha_1}}\dfrac{e^{\sqrt{\alpha_1}(x_D - a_D)} - e^{-\sqrt{\alpha_1}(x_D - a_D)}}{2} + A\dfrac{Mh_D\sqrt{\alpha_2}}{\sqrt{\alpha_1}}\dfrac{e^{\sqrt{\alpha_1} x_D} - e^{-\sqrt{\alpha_1} x_D}}{2}, & x_D \geqslant a_D \\[4mm] A\dfrac{e^{\sqrt{\alpha_1} x_D} + e^{-\sqrt{\alpha_1} x_D}}{2} + A\dfrac{Mh_D\sqrt{\alpha_2}}{\sqrt{\alpha_1}}\dfrac{e^{\sqrt{\alpha_1} x_D} - e^{-\sqrt{\alpha_1} x_D}}{2}, & x_D < a_D \end{cases}$$
$$\tag{3.3.20}$$

再结合 x 方向外边界条件式 (3.3.6), 可求得系数 A 的表达式如下:

$$A = -\frac{\alpha_3 e^{-\sqrt{\alpha_1} a_D}}{\sqrt{\alpha_1} + Mh_D\sqrt{\alpha_2}} \tag{3.3.21}$$

最终可得到在拉普拉斯—傅里叶空间中地层中任意一点的压力表达式如下:

$$\hat{\bar{p}}_{Df1}(x_D, m, u) = -\frac{\alpha_3}{2\sqrt{\alpha_1}}\left[e^{-\sqrt{\alpha_1}|x_D - a_D|} + \frac{\sqrt{\alpha_1} - Mh_D\sqrt{\alpha_2}}{\sqrt{\alpha_1} + Mh_D\sqrt{\alpha_2}} e^{-\sqrt{\alpha_1}(x_D + a_D)} \right], \quad x_D \geqslant 0 \tag{3.3.22}$$

$$\hat{\bar{p}}_{Df2}(x_D, m, u) = -\frac{\alpha_3 e^{\sqrt{\alpha_2} x_D - \sqrt{\alpha_1} a_D}}{\sqrt{\alpha_1} + Mh_D\sqrt{\alpha_2}}, \quad x_D < 0 \tag{3.3.23}$$

令式 (3.3.22) 中的 $x_D = a_D - 1$, $y_D = b_D$, 则可求得拉普拉斯—傅里叶空间中井底压力的表达式如下:

$$\hat{\bar{p}}_{wD}(m, u) = -\frac{\alpha_3}{2\sqrt{\alpha_1}}\left[e^{-\sqrt{\alpha_1}} + \frac{\sqrt{\alpha_1} - Mh_D\sqrt{\alpha_2}}{\sqrt{\alpha_1} + Mh_D\sqrt{\alpha_2}} e^{-\sqrt{\alpha_1}(2a_D - 1)} \right] \tag{3.3.24}$$

同样的，可以利用 Duhamel 原理将井筒储集效应和表皮效应叠加到上述推导结果中去，最终求得考虑井储和表皮效应影响的拉普拉斯—傅里叶空间内无因次井底压力。

三、双重介质两区线性复合气藏典型曲线特征分析

对拉普拉斯—傅里叶空间中的井底压力进行数值拉普拉斯逆变换和有限傅里叶余弦逆变换，可得到实空间内的无因次井底拟压力的数值解，从而可绘制双重介质两区不等厚线性复合气藏的典型曲线。下面对典型曲线特征及主要影响因素进行分析。

1. 流度比的影响

图 3.3.2 和图 3.3.3 表示的是当井处于气藏中不同位置时，流度比 M 对井底压力动态曲线的影响。从图中可以看出，流度比 M 对井底压力动态的影响主要发生在压力波传播到区域交界面之后。在此之前，主要存在井储阶段、Ⅰ区窜流阶段和Ⅰ区总系统径向流阶段。

当井较靠近区域交界面时，如图 3.3.2 所示，压力波在传播到断层边界之前会先传播到区域交界面处。在压力波传播到区域交界面之前，井底压降只取决于Ⅰ区岩石、流体性质，与流度比 M 无关；一旦压力波传播到Ⅱ区，之后的井底压降就取决于Ⅰ区和Ⅱ区岩石、流体性质的平均值，即与流度比 M 有关。如果流度比 $M>1$，则压力波传播到Ⅱ区之后，地层的平均流动性能变好，流体流动所消耗的压降也变小，无因次压力及压力导数曲线位置会降低，且流度比越大，压力及压力导数曲线越靠下。如果流度比 $M<1$，则说明地层的平均流动性能变差，流体流动消耗的压降变大，无因次压力及压力导数曲线位置升高，流度比越小，压力及压力导数曲线位置越靠上。在压力波传播的晚期，受平行断层边界的影响，压力导数曲线表现为 1/2 斜率的直线，且直线位置的高低与流度比 M 有关，M 越大，直线位置越靠下。

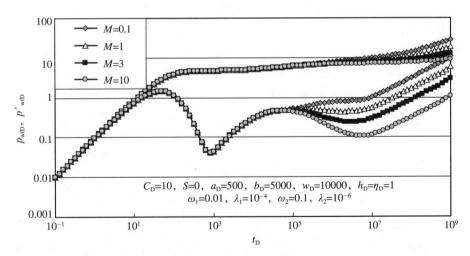

图 3.3.2　流度比对典型曲线的影响（井靠近区域交界面）

当井比较靠近其中一条断层边界时，如图 3.3.3 所示，压力波首先传播到距井较近的断层边界处，受断层边界的影响，无因次压力导数曲线由数值为 0.5 的水平线上升到数值为 1.0 的水平线，该阶段持续时间长短取决于 a_D 和 w_D-b_D 中的较小值。当压力波传播到区域交界面之后，流度比 M 对典型曲线形态的影响同图 3.3.2。

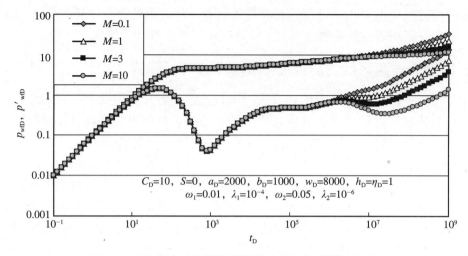

图 3.3.3　流度比对典型曲线的影响（井靠近断层边界）

2. 厚度比的影响

图 3.3.4 和图 3.3.5 表示的是当井处于气藏中不同位置时，厚度比 h_D 对井底压力动态曲线的影响。从图中可以看出，厚度比 h_D 对井底压力动态的影响与流度比 M 对井底压力动态的影响类似。

3. 储容比的影响

图 3.3.6 和图 3.3.7 表示的是 I 区和 II 区储能比 ω_1 和 ω_2 对井底压力动态的影响。从图中可以看出，I 区储能比 ω_1 主要影响反映 I 区窜流的"凹子"形态。其他参数一定时，ω_1 越小，则"凹子"越深越宽。II 区储能比 ω_2 对井底压力动态几乎没有影响。这是因为压力波传播到 II 区后，在很短的时间内，又很快传播到了平行断层边界，边界的影响掩盖了 II 区双孔介质的反映。

4. 窜流系数的影响

图 3.3.8 和图 3.3.9 表示的是 I 区和 II 区窜流系数 λ_1 和 λ_2 对井底压力动态的影响。从图中可以看出，I 区窜流系数 λ_1 主要影响"凹子"出现的时间。其他参数一定时，λ_1 越大，

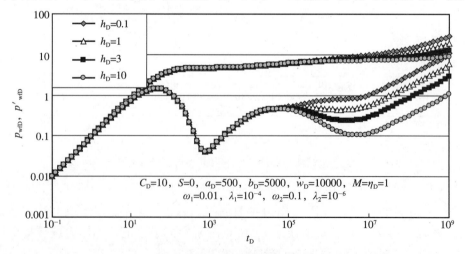

图 3.3.4　厚度比对典型曲线的影响（井靠近区域交界面）

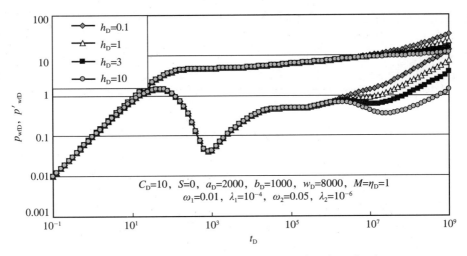

图 3.3.5　厚度比对典型曲线的影响（井靠近断层边界）

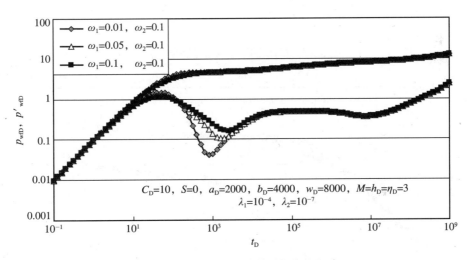

图 3.3.6　储能比 ω_1 对典型曲线的影响

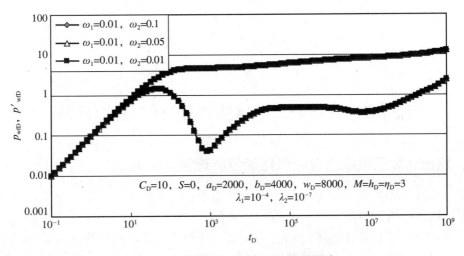

图 3.3.7　储能比 ω_2 对典型曲线的影响

则"凹子"出现时间越早。Ⅱ区窜流系数 λ_2 对井底压力动态几乎没有影响。这是因为压力波传播到Ⅱ区后,在很短的时间内,又很快传播到了平行断层边界,边界的影响掩盖了Ⅱ区双孔介质的反映。

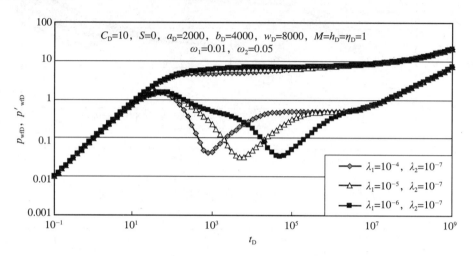

图 3.3.8　窜流系数 λ_1 对典型曲线的影响

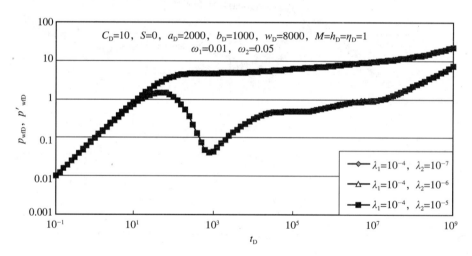

图 3.3.9　窜流系数 λ_2 对典型曲线的影响

第四节　双重介质三区线性复合气藏试井理论

一、双重介质三区线性复合气藏渗流物理模型和假设

考虑一顶底封闭且在平面上具有平行不渗透边界的条带状双重介质地层,建立渗流数学模型时,需进行如下假设:

(1)条带状地层存在物性不同的三个区域,井位于其中一个区域内,如图 3.4.1 所示,三区的岩石性质、流体性质(渗透率 K_f 和 K_m、孔隙度 ϕ_f 和 ϕ_m、储层厚度 h、压缩系数

C_{fg} 和 C_{mg}、流体黏度 μ 等）和储层有效厚度均不同，但同一区域内为均质地层，各区内的渗透率和孔隙度等地层参数不随压力变化；

（2）裂缝渗透率远大于基质渗透率，即 $K_f \gg K_m$，流体只能由裂缝系统流向井筒；

（3）基岩内部不存在流动，基质向裂缝的窜流为拟稳态窜流；

（4）单相气体等温渗流；

（5）考虑井筒储集效应和表皮效应的影响；

（6）区域界面宽度不计，储层性质在界面处发生突变，忽略界面处的流动阻力；

（7）各区流体渗流过程均符合线性渗流规律并忽略重力影响；

（8）气井以定产量 q_{sc} 生产，开井前地层各处压力相等，均为原始地层压力 p_i。

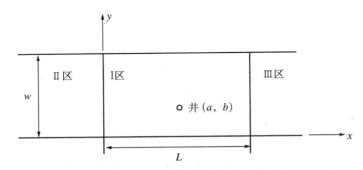

图 3.4.1　双重介质三区线性复合条带状气藏示意图

二、双重介质三区线性复合气藏试井解释数学模型及求解

1. 双重介质三区线性复合气藏试井解释数学模型

根据上述假设条件和图 3.4.1 中所建立的坐标系，以渗流力学理论为基础，可得到考虑地层厚度变化的双重介质三区线性复合条带状气藏无因次试井解释数学模型。

（1）渗流微分方程。将井视为定产量线源，并假设各区内均为各向同性地层，即 $K_{f1x}=K_{f1y}=K_{f1}$，$K_{m1x}=K_{m1y}=K_{m1}$，$K_{f2x}=K_{f2y}=K_{f2}$，$K_{m2x}=K_{m2y}=K_{m2}$，$K_{f3x}=K_{f3y}=K_{f3}$ 和 $K_{m3x}=K_{m3y}=K_{m3}$，则可得到双重介质三区的无因次渗流微分方程如下：

I 区裂缝系统：

$$\frac{\partial^2 p_{Df1}}{\partial x_D^2} + \left(\frac{\pi}{w_D}\right)^2 \frac{\partial^2 p_{Df1}}{\partial y_D^2} + \frac{2\pi^2}{w_D}\delta(x_D - a_D)\delta(y_D - b_D) - \lambda_1(p_{Df1} - p_{Dm1}) = \omega_1 \frac{\partial p_{Df1}}{\partial t_D}$$

$$0 \leqslant x_D \leqslant L_D \quad (3.4.1)$$

I 区基质系统：

$$(1-\omega_1)\frac{\partial p_{Dm1}}{\partial t_D} - \lambda_1(p_{Df1} - p_{Dm1}) = 0, \quad 0 \leqslant x_D \leqslant L_D \quad (3.4.2)$$

II 区裂缝系统：

$$\frac{\partial^2 p_{Df2}}{\partial x_D^2} + \left(\frac{\pi}{w_D}\right)^2 \frac{\partial^2 p_{Df2}}{\partial y_D^2} - \lambda_2(p_{Df2} - p_{Dm2}) = \frac{\omega_2}{\eta_{21}}\frac{\partial p_{Df2}}{\partial t_D}, \quad x_D < 0 \quad (3.4.3)$$

II 区基质系统：

$$(1-\omega_2)\frac{\partial p_{Dm2}}{\partial t_D} - \lambda_2\eta_{21}\left(p_{Df2} - p_{Dm2}\right) = 0 \ , \ x_D < 0 \tag{3.4.4}$$

III区裂缝系统：

$$\frac{\partial^2 p_{Df3}}{\partial x_D^2} + \left(\frac{\pi}{w_D}\right)^2\frac{\partial^2 p_{Df3}}{\partial y_D^2} - \lambda_3\left(p_{Df3} - p_{Dm3}\right) = \frac{\omega_3}{\eta_{31}}\frac{\partial p_{Df3}}{\partial t_D} \ , \ x_D > L_D \tag{3.4.5}$$

III区基质系统：

$$(1-\omega_3)\frac{\partial p_{Dm3}}{\partial t_D} - \lambda_3\eta_{31}\left(p_{Df3} - p_{Dm3}\right) = 0 \ , \ x_D > L_D \tag{3.4.6}$$

（2）初始条件：

$$p_{Df1}\big|_{t_D=0} = p_{Df2}\big|_{t_D=0} = p_{Df3}\big|_{t_D=0} = p_{Dm1}\big|_{t_D=0} = p_{Dm2}\big|_{t_D=0} = p_{Dm3}\big|_{t_D=0} = 0 \tag{3.4.7}$$

（3）边界条件。条带状地层在 x 方向无限延伸，故 x 方向外边界条件可写为：

$$\lim_{x_D\to-\infty} p_{Df2} = 0 \tag{3.4.8}$$

$$\lim_{x_D\to\infty} p_{Df3} = 0 \tag{3.4.9}$$

条带状地层在 y 方向具有平行不渗透边界，故 y 方向外边界条件可写为：

$$\frac{\partial p_{Df1}}{\partial y_D}\bigg|_{y_D=\pi} = \frac{\partial p_{Df1}}{\partial y_D}\bigg|_{y_D=0} = 0 \tag{3.4.10}$$

$$\frac{\partial p_{Df2}}{\partial y_D}\bigg|_{y_D=\pi} = \frac{\partial p_{Df2}}{\partial y_D}\bigg|_{y_D=0} = 0 \tag{3.4.11}$$

$$\frac{\partial p_{Df3}}{\partial y_D}\bigg|_{y_D=\pi} = \frac{\partial p_{Df3}}{\partial y_D}\bigg|_{y_D=0} = 0 \tag{3.4.12}$$

（4）连接条件。在不连续界面处，应该满足压力相等与流量相等条件。
不连续界面处压力相等：

$$p_{Df1}\big|_{x_D=0} = p_{Df2}\big|_{x_D=0} \tag{3.4.13}$$

$$p_{Df1}\big|_{x_D=L_D} = p_{Df3}\big|_{x_D=L_D} \tag{3.4.14}$$

不连续界面处流量相等：

$$\frac{\partial p_{Df1}}{\partial x_D}\bigg|_{x_D=0} = M_{21}h_{21}\frac{\partial p_{Df2}}{\partial x_D}\bigg|_{x_D=0} \tag{3.4.15}$$

$$\frac{\partial p_{Df1}}{\partial x_D}\bigg|_{x_D=L_D} = M_{31}h_{31}\frac{\partial p_{Df3}}{\partial x_D}\bigg|_{x_D=L_D} \tag{3.4.16}$$

上述模型中涉及的无因次变量均是基于 I 区储层和流体物性而定义的，具体表达式如下所示：

$$p_{Dfj} = \frac{\pi K_{f1} h_1 T_{sc}}{q_{sc} p_{sc} T}\left(\psi_i - \psi_{fj}\right), \quad p_{Dmj} = \frac{\pi K_{f1} h_1 T_{sc}}{q_{sc} p_{sc} T}\left(\psi_i - \psi_{mj}\right), \quad j = 1,2,3$$

$$p_{wfD} = \frac{\pi K_{f1} h_1 T_{sc}}{q_{sc} p_{sc} T}\left(\psi_i - \psi_{wf}\right), \quad t_D = \frac{K_{f1} t}{\left(\phi_1 C_{g1,i}\right)_{f+m} \mu_{1,i} r_w^2}, \quad C_D = \frac{C}{2\pi h_1 \left(\phi_1 C_{g1,i}\right)_{f+m} r_w^2}$$

$$x_D = \frac{x}{r_w}, \quad a_D = \frac{a}{r_w}, \quad w_D = \frac{w}{r_w}, \quad y_D = \frac{\pi}{w_D}\frac{y}{r_w}, \quad b_D = \frac{\pi}{w_D}\frac{b}{r_w}$$

$$M_{21} = \frac{K_{f2}}{K_{f1}}, \quad M_{31} = \frac{K_{f3}}{K_{f1}}, \quad h_{21} = \frac{h_2}{h_1}, \quad h_{31} = \frac{h_3}{h_1}$$

$$\eta_{21} = \frac{K_{f2} / \left[\mu_{2,i}\left(\phi_2 C_{g2,i}\right)_{f+m}\right]}{K_{f1} / \left[\mu_{1,i}\left(\phi_1 C_{g1,i}\right)_{f+m}\right]}, \quad \eta_{31} = \frac{K_{f3} / \left[\mu_{3,i}\left(\phi_3 C_{g3,i}\right)_{f+m}\right]}{K_{f1} / \left[\mu_{1,i}\left(\phi_1 C_{g1,i}\right)_{f+m}\right]}$$

$$\lambda_j = \alpha \frac{K_{mj}}{K_{fj}} r_w^2, \quad \omega_j = \frac{\left(\phi_j C_{gj,i}\right)_f}{\left(\phi_j C_{gj,i}\right)_{f+m}}, \quad j = 1,2,3$$

2. 双重介质三区线性复合气藏试井解释数学模型的求解

对上述无因次试井解释模型的求解需要用到有限傅里叶余弦变换和拉普拉斯变换方法。结合初始条件式（3.4.7）、y 方向外边界条件式（3.4.10）至式（3.4.12），对无因次渗流微分方程式（3.4.1）至式（3.4.6）取基于 y_D 的有限傅里叶余弦变换和基于 t_D 的拉普拉斯变换，并进行联立化简，可得到：

$$\frac{d^2 \hat{\bar{p}}_{Df1}}{dx_D^2} - \left[\left(\frac{m\pi}{w_D}\right)^2 + u\omega_1 + \frac{\lambda_1 u\left(1-\omega_1\right)}{\lambda_1 + u\left(1-\omega_1\right)}\right]\hat{\bar{p}}_{Df1} = -\frac{2\pi^2 \cos\left(m\bar{b}_D\right)}{u w_D}\delta\left(x_D - a_D\right), \quad 0 \leqslant x_D \leqslant L_D \tag{3.4.17}$$

$$\frac{d^2 \hat{\bar{p}}_{Df2}}{dx_D^2} - \left[\left(\frac{m\pi}{w_D}\right)^2 + \frac{u\omega_2}{\eta_{21}} + \frac{\lambda_2 u\left(1-\omega_2\right)}{\lambda_2 \eta_{21} + u\left(1-\omega_2\right)}\right]\hat{\bar{p}}_{Df2} = 0, \quad x_D < 0 \tag{3.4.18}$$

$$\frac{d^2 \hat{\bar{p}}_{Df3}}{dx_D^2} - \left[\left(\frac{m\pi}{w_D}\right)^2 + \frac{u\omega_3}{\eta_{31}} + \frac{\lambda_3 u\left(1-\omega_3\right)}{\lambda_3 \eta_{31} + u\left(1-\omega_3\right)}\right]\hat{\bar{p}}_{Df3} = 0, \quad x_D > L_D \tag{3.4.19}$$

定义 $\quad \alpha_1 = \left(\frac{m\pi}{w_D}\right)^2 + u\omega_1 + \frac{\lambda_1 u\left(1-\omega_1\right)}{\lambda_1 + u\left(1-\omega_1\right)}$, $\quad \alpha_2 = \left(\frac{m\pi}{w_D}\right)^2 + \frac{u\omega_2}{\eta_{21}} + \frac{\lambda_2 u\left(1-\omega_2\right)}{\lambda_2 \eta_{21} + u\left(1-\omega_2\right)}$,

$\alpha_3 = -\frac{2\pi^2 \cos\left(m\bar{b}_D\right)}{u w_D}$, $\quad \alpha_4 = \left(\frac{m\pi}{w_D}\right)^2 + \frac{u\omega_3}{\eta_{31}} + \frac{\lambda_3 u\left(1-\omega_3\right)}{\lambda_3 \eta_{31} + u\left(1-\omega_3\right)}$, 则式（3.4.17）至式（3.4.19）可变为：

$$\frac{d^2 \hat{\bar{p}}_{Df1}}{dx_D^2} - \alpha_1 \hat{\bar{p}}_{Df1} = \alpha_3 \delta\left(x_D - a_D\right), \quad 0 \leqslant x_D \leqslant L_D \tag{3.4.20}$$

$$\frac{d^2\hat{\bar{p}}_{Df2}}{dx_D^2} - \alpha_2\hat{\bar{p}}_{Df2} = 0 , \quad x_D < 0 \tag{3.4.21}$$

$$\frac{d^2\hat{\bar{p}}_{Df3}}{dx_D^2} - \alpha_4\hat{\bar{p}}_{Df3} = 0 , \quad x_D > L_D \tag{3.4.22}$$

根据常微分方程的知识，可以很容易地得到式（3.4.21）和式（3.4.22）的通解如下：

$$\hat{\bar{p}}_{Df2} = Ae^{\sqrt{\alpha_2}x_D} + Be^{-\sqrt{\alpha_2}x_D} \tag{3.4.23}$$

$$\hat{\bar{p}}_{Df3} = Ce^{\sqrt{\alpha_4}x_D} + De^{-\sqrt{\alpha_4}x_D} \tag{3.4.24}$$

式中 A，B，C，D——系数，由边界条件和连接条件确定。

利用 x 方向外边界条件式（3.4.8），$x_D \to -\infty$ 时，$\hat{\bar{p}}_{Df2} = 0$，故可推得 $B=0$，式（3.4.23）变为：

$$\hat{\bar{p}}_{Df2} = Ae^{\sqrt{\alpha_2}x_D} \tag{3.4.25}$$

利用 x 方向外边界条件式（3.4.9），$x_D \to \infty$ 时，$\hat{\bar{p}}_{Df3} = 0$，故可推得 $C=0$，式（3.4.24）变为：

$$\hat{\bar{p}}_{Df3} = De^{-\sqrt{\alpha_4}x_D} \tag{3.4.26}$$

由于式（3.4.20）的右端含有 δ 函数，因此无法直接求得其通解，需要对其再进行一次拉普拉斯变换。对式（3.4.20）取基于 x_D 的拉普拉斯变换，可得到：

$$s^2 W_1 - s\hat{\bar{p}}_{Df1}(x_D=0) - \frac{\partial\hat{\bar{p}}_{Df1}}{\partial x_D}(x_D=0) - \alpha_1 W_1 = \alpha_3 e^{-a_D s} \tag{3.4.27}$$

式（3.4.27）为简单的数学方程，对其求解可得到 W_1 的表达式如下：

$$W_1 = \frac{\alpha_3 e^{-a_D s} + s\hat{\bar{p}}_{Df1}(x_D=0) + \frac{\partial\hat{\bar{p}}_{Df1}}{\partial x_D}(x_D=0)}{s^2 - \alpha_1} \tag{3.4.28}$$

对式（3.4.28）中的各项进行拉普拉斯逆变换，并将 $x_D=0$ 处的连接条件代入，可得到：

$$\hat{\bar{p}}_{Df1}(x_D,m,u) = \frac{\alpha_3}{\sqrt{\alpha_1}} \frac{e^{\sqrt{\alpha_1}(x_D-a_D)} - e^{-\sqrt{\alpha_1}(x_D-a_D)}}{2} H(x_D-a_D)$$

$$+ A\frac{e^{\sqrt{\alpha_1}x_D} + e^{-\sqrt{\alpha_1}x_D}}{2} + \frac{AM_{21}h_{21}\sqrt{\alpha_2}}{\sqrt{\alpha_1}} \frac{e^{\sqrt{\alpha_1}x_D} - e^{-\sqrt{\alpha_1}x_D}}{2} \tag{3.4.29}$$

结合 $x_D = L_D$ 处的连接条件，可得到：

$$\frac{A}{2}\left[\left(1 + \frac{M_{21}h_{21}\sqrt{\alpha_2}}{\sqrt{\alpha_1}}\right)e^{\sqrt{\alpha_1}L_D} + \left(1 - \frac{M_{21}h_{21}\sqrt{\alpha_2}}{\sqrt{\alpha_1}}\right)e^{-\sqrt{\alpha_1}L_D}\right]$$

$$= De^{-\sqrt{\alpha_4}L_D} - \frac{\alpha_3}{2\sqrt{\alpha_1}}\left[e^{\sqrt{\alpha_1}(L_D-a_D)} - e^{-\sqrt{\alpha_1}(L_D-a_D)}\right] \tag{3.4.30}$$

$$\frac{A}{2}\left[\left(\sqrt{\alpha_1}+M_{21}h_{21}\sqrt{\alpha_2}\right)e^{\sqrt{\alpha_1}L_D}-\left(\sqrt{\alpha_1}-M_{21}h_{21}\sqrt{\alpha_2}\right)e^{-\sqrt{\alpha_1}L_D}\right]$$

$$=-D\sqrt{\alpha_4}M_{31}h_{31}e^{-\sqrt{\alpha_4}L_D}-\frac{\alpha_3}{2}\left[e^{\sqrt{\alpha_1}(L_D-a_D)}+e^{-\sqrt{\alpha_1}(L_D-a_D)}\right] \tag{3.4.31}$$

式（3.4.30）和式（3.4.31）联立求解，可得到：

$$\hat{\bar{p}}_{Df1}\left(x_D,m,u\right)$$

$$=\frac{\alpha_3}{2\sqrt{\alpha_1}}\left[e^{\sqrt{\alpha_1}(x_D-a_D)}-e^{-\sqrt{\alpha_1}(x_D-a_D)}\right]H\left(x_D-a_D\right)$$

$$+\frac{\alpha_3}{2\sqrt{\alpha_1}}\frac{ge^{\sqrt{\alpha_1}(x_D-2L_D+a_D)}-e^{\sqrt{\alpha_1}(x_D-a_D)}+fge^{-\sqrt{\alpha_1}(x_D+2L_D-a_D)}-fe^{-\sqrt{\alpha_1}(x_D+a_D)}}{1+fge^{-2\sqrt{\alpha_1}L_D}} \tag{3.4.32}$$

式中，$f=\dfrac{\sqrt{\alpha_1}-M_{21}h_{21}\sqrt{\alpha_2}}{\sqrt{\alpha_1}+M_{21}h_{21}\sqrt{\alpha_2}}$，$g=\dfrac{M_{31}h_{31}\sqrt{\alpha_4}-\sqrt{\alpha_1}}{M_{31}h_{31}\sqrt{\alpha_4}+\sqrt{\alpha_1}}$。

令式（3.4.32）中的 $x_D=a_D-1$，$y_D=b_D$，则可求得拉普拉斯—傅里叶空间中井底压力的表达式如下：

$$\hat{\bar{p}}_{wD}\left(m,u\right)=\frac{\alpha_3}{2\sqrt{\alpha_1}}\frac{ge^{\sqrt{\alpha_1}(2a_D-L_D-1)}-e^{\sqrt{\alpha_1}(L_D-1)}+fge^{-\sqrt{\alpha_1}(L_D-1)}-fe^{-\sqrt{\alpha_1}(2a_D-L_D-1)}}{e^{\sqrt{\alpha_1}L_D}+fge^{-\sqrt{\alpha_1}L_D}} \tag{3.4.33}$$

同样的，可以利用 Duhamel 原理将井筒储集效应和表皮效应叠加到上述推导结果中去，最终求得考虑井储和表皮效应影响的拉普拉斯—傅里叶空间内无因次井底压力。

三、双重介质三区线性复合气藏典型曲线特征分析

对拉普拉斯—傅里叶空间中的井底压力进行数值拉普拉斯逆变换和有限傅里叶余弦逆变换，可得到实空间内的无因次井底拟压力的数值解，从而可绘制双重介质三区不等厚线性复合气藏的典型曲线。下面对典型曲线特征及主要影响因素进行分析。

1. 流度比的影响

图 3.4.2、图 3.4.3 为 Ⅱ区与Ⅲ区流度相等时，不同的流度比取值对三区线性复合双重介质条带状气藏典型曲线的影响。从图中可以看出，流度比主要影响压力波传播至区域交界面后的井底压力动态。在此之前，主要存在井储阶段、Ⅰ区窜流阶段和Ⅰ区总系统径向流阶段。

当 $a_D>b_D$ 时，如图 3.4.2 所示，Ⅰ区总系统径向流阶段之后，压力波首先传至平行断层边界，压力导数曲线表现为 1/2 斜率直线。在压力波传播到区域交界面之前，井底压降只取决于Ⅰ区岩石、流体性质，与流度比 M_{21}、M_{31} 无关；当压力波传播到区域交界面后，之后的井底压降就取决于三区物性的平均值，即与流度比 M_{21} 和 M_{31} 有关，M_{21} 和 M_{31} 越大，压力及压力导数曲线位置越靠下。图 3.4.2 中还给出了外区流度极小情况下（$M_{21}=M_{31}=0.1$）所对应的典型曲线，可以看出，此时压力导数曲线近似呈现斜率为 1 的直线，类似于封闭气藏的晚期压力反映。

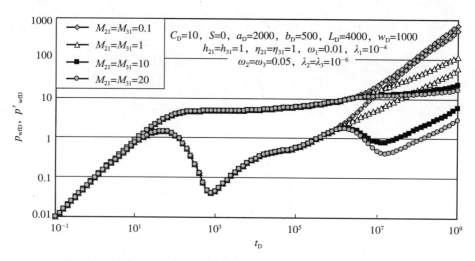

图 3.4.2　流度比 M_{21} 与 M_{31} 对典型曲线的影响（$M_{21}=M_{31}$ 且 $a_D>b_D$）

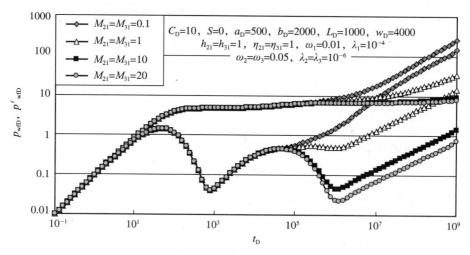

图 3.4.3　流度比 M_{21} 与 M_{31} 对典型曲线的影响（$M_{21}=M_{31}$ 且 $a_D<b_D$）

　　当 $a_D<b_D$ 时，如图 3.4.3 所示，Ⅰ区总系统径向流阶段之后，压力波首先传至区域交界面处，之后流度比对井底压力动态的影响与图 3.4.2 类似。

　　图 3.4.4 和图 3.4.5 为Ⅱ区和Ⅲ区流度不相等时，Ⅱ区流度比 M_{21} 对三区不等厚线性复合双重介质条带状气藏典型曲线的影响。从图中可以看出，典型曲线形态及流度比的影响都与图 3.4.2、图 3.4.3 类似。

　　2. 厚度比的影响

　　图 3.4.6 至图 3.4.9 为厚度比对三区线性复合双重介质条带状气藏典型曲线的影响。从图中可以看出，厚度比对典型曲线形态的影响和流度比的影响类似。

　　3. 导压系数比的影响

　　图 3.4.10 和图 3.4.11 为导压系数比对三区不等厚线性复合双重介质条带状气藏典型曲线的影响。从图中可以看出，导压系数主要影响压力波传播到区域交界面之后的井底压力动态，其他参数一定时，导压系数越大，压力及压力导数曲线位置越靠上。

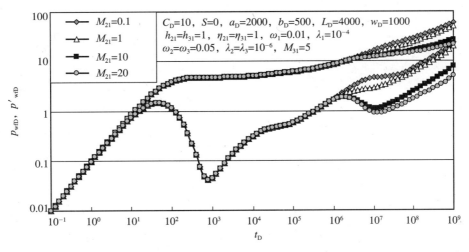

图 3.4.4　流度比 M_{21} 对典型曲线的影响（$a_D > b_D$）

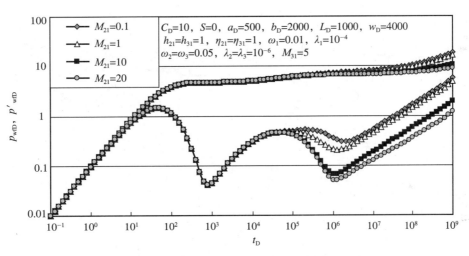

图 3.4.5　流度比 M_{21} 对典型曲线的影响（$a_D < b_D$）

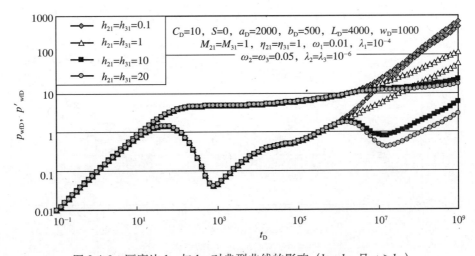

图 3.4.6　厚度比 h_{21} 与 h_{31} 对典型曲线的影响（$h_{21} = h_{31}$ 且 $a_D > b_D$）

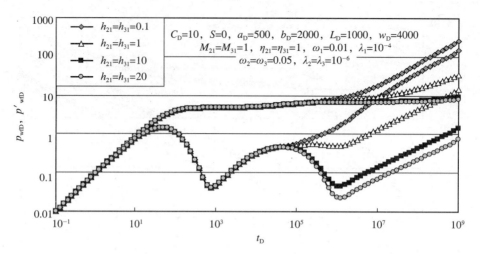

图 3.4.7　厚度比 h_{21} 与 h_{31} 对典型曲线的影响（$h_{21}=h_{31}$ 且 $a_D<b_D$）

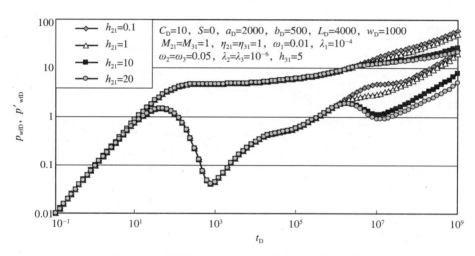

图 3.4.8　厚度比 h_{21} 对典型曲线的影响（$a_D>b_D$）

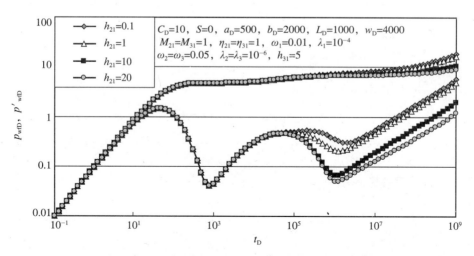

图 3.4.9　厚度比 h_{21} 对典型曲线的影响（$a_D<b_D$）

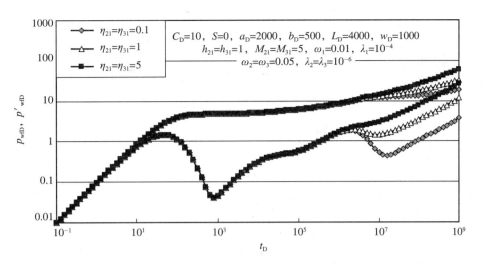

图 3.4.10 导压系数比 η_{21} 与 η_{31} 对典型曲线的影响（$\eta_{21}=\eta_{31}$ 且 $a_D>b_D$）

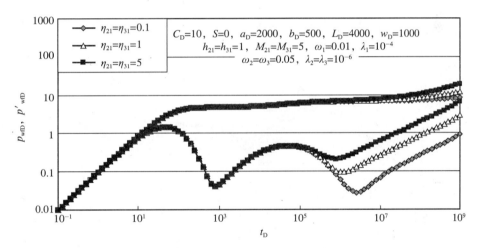

图 3.4.11 导压系数比 η_{21} 与 η_{31} 对典型曲线的影响（$\eta_{21}=\eta_{31}$ 且 $a_D<b_D$）

4. 储容比的影响

图 3.4.12 和图 3.4.13 为 I 区储能比 ω_1 对典型曲线的影响。从图中可以看出，ω_1 主要影响反映 I 区窜流的早期"凹子"形态，对后期压力动态基本没有影响。其他参数一定时，ω_1 越小，早期的"凹子"就越深越宽。

图 3.4.14 和图 3.4.15 为 II 区和 III 区储能比 ω_2 和 ω_3 对井底压力动态的影响。从图中可以看出，外区储能比对井底压力动态几乎没有影响，这是因为 I 区总系统径向流和平行断层边界的影响掩盖了 II 区和 III 区双孔介质的反映。

5. 窜流系数的影响

图 3.4.16 和图 3.4.17 表示的是 I 区窜流系数 λ_1 对井底压力动态的影响。从图中可以看出，I 区窜流系数 λ_1 主要影响早期"凹子"出现的早晚。其他参数一定时，λ_1 越小，则"凹子"出现时间就越晚。

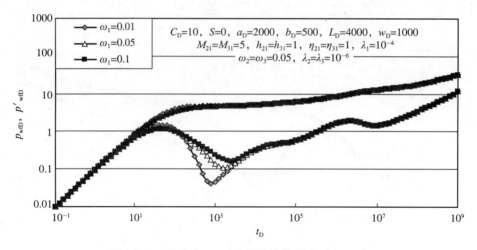

图 3.4.12　储能比 ω_1 对典型曲线的影响（$a_D > b_D$）

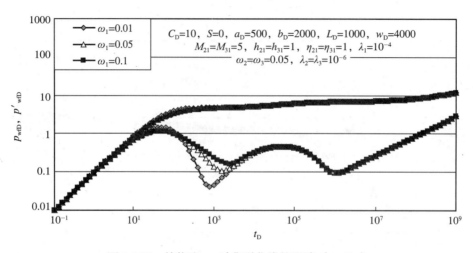

图 3.4.13　储能比 ω_1 对典型曲线的影响（$a_D < b_D$）

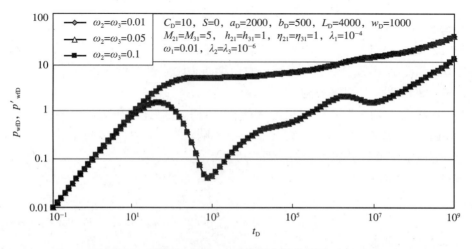

图 3.4.14　储能比 ω_2 与 ω_3 对典型曲线的影响（$a_D > b_D$）

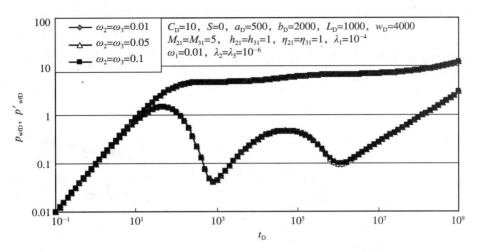

图 3.4.15 储能比 ω_2 与 ω_3 对典型曲线的影响（$a_D < b_D$）

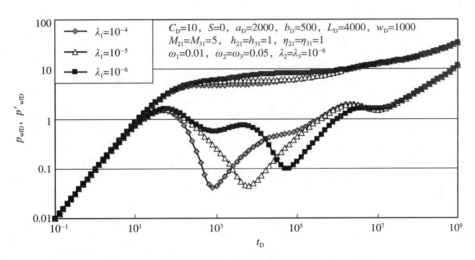

图 3.4.16 窜流系数 λ_1 对典型曲线的影响（$a_D > b_D$）

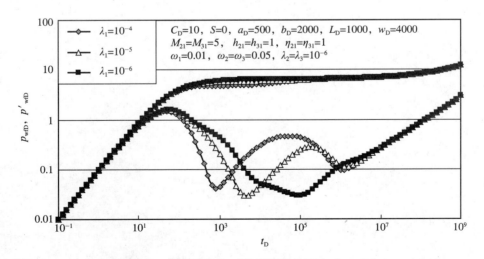

图 3.4.17 窜流系数 λ_1 对典型曲线的影响（$a_D < b_D$）

图 3.4.18 为外区窜流系数 λ_2 与 λ_3 对典型曲线的影响。从图中可以看出，外区窜流系数大小对典型曲线的形态影响很小，这是因为窜流系数主要影响的是双孔介质窜流"凹子"出现的早晚，但在实际情况中，Ⅰ区总系统径向流和平行断层边界的影响往往掩盖了Ⅱ区和Ⅲ区双孔介质的反映。

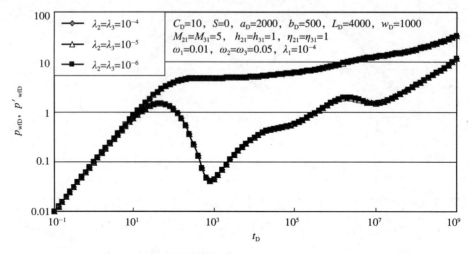

图 3.4.18　窜流系数 λ_2 与 λ_3 对典型曲线的影响

第四章 压敏性径向复合气藏试井理论

所谓压敏性气藏，是指容易发生部分或全部弹塑性变形的气藏，这种变形会对储层物性产生明显的影响。"压敏"是气藏工程的概念，比较"学术"的提法是"流固耦合渗流"理论。岩土力学的研究者们对流固耦合渗流理论的研究较早，但他们侧重于渗流场对应力场的耦合作用，而气藏工程中的压敏研究则注重于应力场对渗流场的作用结果。

通常的渗流理论研究一般基于刚性介质假设，即多孔介质微可压缩，但不对介质的物性产生影响。在储层物性参数为常数这一基础上推导得到的渗流微分方程一般是线性的，比较容易解析求解和计算，然而，对于那些在开发过程中由于地层压力的改变而导致储层物性参数也发生改变的气藏是不适用的。压敏性气藏一个众所周知的特征就是储层孔隙度和渗透率的应力敏感性。在气藏开采过程中，随着孔隙压力的降低，储层岩石承受的有效应力增加，储层孔隙度和渗透率则随之减小。与渗透率相比，储层孔隙度的应力敏感性对油气藏生产动态的影响较小，因此试井理论中对压敏性气藏主要考虑其渗透率应力敏感性的影响。

本章从不同的渗透率应力敏感模型出发，针对单一介质气藏和双重介质气藏，分别建立了压敏性径向复合气藏试井模型，并采用有限差分方法对其进行了求解，最后对应力敏感对压力动态的影响进行了研究和讨论。

第一节 渗透率变异数学模型

许多学者针对储层岩石的应力敏感性对油气藏压力动态的影响进行了研究和讨论，并提出了各种不同的数学模型以描述储层渗透率与地层压力之间的关系，常见的有以下几种。

一、指数式模型

指数式模型是目前最常见的渗透率变异数学模型。假设储层流体的黏度和储层渗透率因为应力敏感而产生的变形符合虎克弹性流变规律，类似于压缩系数的定义，Pedrosa 定义了一个无量纲渗透率模量，用以描述储层渗透率随压力的变化关系，对于均质储层可写为：

$$\gamma = \frac{1}{K}\frac{\partial K}{\partial p} \tag{4.1.1}$$

一般地，假设渗透率模量在压降过程中不发生变化，则对式（4.1.1）积分可得到：

$$K = K_0 e^{-\gamma(p_i - p)} \tag{4.1.2}$$

式中　γ——渗透率模量，Pa^{-1}；

　　　K_0——储层初始渗透率，m^2。

对于双重介质气藏，当考虑裂缝系统存在应力敏感时，描述裂缝系统渗透率变化的指数式方程可写为：

$$\gamma_f = \frac{1}{K_f}\frac{\partial K_f}{\partial p_f} \tag{4.1.3}$$

假设裂缝系统渗透率模量为常数，对式（4.1.3）积分可得到：

$$K_f = K_{f0}e^{-\gamma_f(p_i - p_f)} \tag{4.1.4}$$

式中　γ_f——裂缝系统渗透率模量，Pa^{-1}；

　　　K_{f0}——裂缝系统初始渗透率，m^2。

对于气藏，式（4.1.2）和式（4.1.4）可写成拟压力的形式：

$$K = K_0 e^{-\gamma(\psi_i - \psi)} \tag{4.1.5}$$

$$K_f = K_{f0}e^{-\gamma_f(\psi_i - \psi_f)} \tag{4.1.6}$$

二、幂律模型

前苏联 A.T. 戈尔布诺夫等人根据室内高压物性实验结果，提出如下幂律函数以描述渗透率随压力的变化关系：

$$K = K_0 (p_i - p)^{-m'} \tag{4.1.7}$$

对于双重介质气藏，当考虑裂缝系统存在应力敏感时，描述裂缝系统渗透率变化的幂律方程可写为：

$$K_f = K_{f0}(p_i - p_f)^{-m_f'} \tag{4.1.8}$$

式中　m'——压敏因子；

　　　m_f'——裂缝系统压敏因子。

第二节　单一介质压敏性径向复合气藏试井理论

一、单一介质压敏性径向复合气藏渗流物理模型和假设

考虑一顶底封闭的水平圆形地层，井位于圆心处。气藏中具有物性不同的 n 个环状区域，各区储层均存在应力敏感性，各区储层渗透率随地层压力的变化关系用指数式模型描述，各区应力敏感系数可以不同。其余假设条件以及气藏示意图同第二章第一节。

二、单一介质压敏性径向复合气藏试井解释数学模型及求解

1. 单一介质压敏性径向复合气藏试井解释数学模型

依据上述渗流物理模型，以渗流力学理论为基础，即可推导得到如下考虑储层渗透率应力敏感、井储效应和表皮效应影响的多区不等厚径向复合气藏无因次试井解释数学模型。

（1）渗流微分方程：

$$\frac{1}{r_{D}}\frac{\partial}{\partial r_{D}}\left(r_{D}e^{-\gamma_{jD}p_{jD}}\frac{\partial p_{jD}}{\partial r_{D}}\right)=\frac{1}{\eta_{Dj}C_{D}e^{2S}}\frac{\partial p_{jD}}{\partial(t_{D}/C_{D})}\quad,\quad r_{(j-1)D}\leqslant r_{D}\leqslant r_{jD} \qquad (4.2.1)$$

式中 γ_{jD}——第 j 个环状区域内无因次渗透率模量，$j=1,\ 2,\ \cdots,\ n$。

（2）初始条件：

$$p_{jD}\big|_{t_{D}=0}=0 \qquad (4.2.2)$$

（3）内边界条件。同时考虑储层渗透率应力敏感、井筒储集效应和表皮效应的内边界条件为：

$$\frac{\partial p_{wfD}}{\partial(t_{D}/C_{D})}-\left(r_{D}e^{-\gamma_{1D}p_{1D}}\frac{\partial p_{1D}}{\partial r_{D}}\right)_{r_{D}=1}=1 \qquad (4.2.3)$$

$$p_{wfD}=p_{1D}\big|_{r_{D}=1} \qquad (4.2.4)$$

（4）外边界条件。考虑三种不同类型的外边界情况：

$$\lim_{r_{D}\to\infty}p_{nD}(r_{D},t_{D})=0 \quad （无限大外边界） \qquad (4.2.5)$$

$$\frac{\partial p_{nD}(r_{D},t_{D})}{\partial r_{D}}\bigg|_{r_{D}=r_{nD}}=0 \quad （封闭外边界） \qquad (4.2.6)$$

$$p_{nD}(r_{D},t_{D})\big|_{r_{D}=r_{nD}}=0 \quad （定压外边界） \qquad (4.2.7)$$

（5）连接条件：

$$p_{jD}\big|_{r_{D}=r_{jD}}=p_{(j+1)D}\big|_{r_{D}=r_{jD}} \qquad (4.2.8)$$

$$e^{-\gamma_{jD}p_{jD}}\frac{\partial p_{jD}}{\partial r_{D}}\bigg|_{r_{D}=r_{jD}}=h_{Dj}M_{j}e^{-\gamma_{(j+1)D}p_{(j+1)D}}\frac{\partial p_{(j+1)D}}{\partial r_{D}}\bigg|_{r_{D}=r_{jD}} \qquad (4.2.9)$$

上述模型中涉及的无因次变量定义如下：

$$p_{jD}=\frac{\pi K_{10}h_{1}T_{sc}}{q_{sc}p_{sc}T}(\psi_{i}-\psi_{j}),\quad \gamma_{jD}=\frac{q_{sc}p_{sc}T}{\pi K_{10}h_{1}T_{sc}}\gamma_{j},\quad j=1,2,\cdots,n$$

$$p_{wfD}=\frac{\pi K_{10}h_{1}T_{sc}}{q_{sc}p_{sc}T}(\psi_{i}-\psi_{wf}),\quad t_{D}=\frac{K_{10}t}{\phi_{1}\mu_{1,i}C_{g1,i}r_{w}^{2}},\quad C_{D}=\frac{C}{2\pi h_{1}\phi_{1}C_{g1,i}r_{w}^{2}},\quad r_{D}=\frac{r}{r_{w}e^{-S}}$$

$$M_{j}=\frac{K_{(j+1)0}}{K_{j0}},\quad h_{Dj}=\frac{h_{j+1}}{h_{j}},\quad \eta_{Dj}=\frac{K_{j0}/(\phi_{j}\mu_{j,i}C_{gj,i})}{K_{10}/(\phi_{1}\mu_{1,i}C_{g1,i})}$$

2. 单一介质压敏性径向复合气藏试井解释数学模型的求解

考虑应力敏感影响的气藏不稳定渗流模型为非线性抛物型偏微分方程，对于该类方程常见的求解方法有两种：解析法和数值法。

解析法一般是通过引入如下的 Pedrosa 变换:

$$p_{\mathrm{D}} = -\frac{1}{\gamma_{\mathrm{D}} \ln\left(1 - \gamma_{\mathrm{D}}\xi\right)} \qquad (4.2.10)$$

将渗流微分方程中的非线性项弱化,然后再利用摄动理论求取其近似解析解。对于无限大气藏线源井,利用该方法可以求得零阶、一阶甚至二阶近似解;但是,对于有限外边界压敏性气藏的不稳定渗流问题,利用该方法仅能求得其零阶近似解。此外,利用上述方法求解的一个前提条件是 $0 \leqslant \gamma_{\mathrm{D}}\xi < 1$,当无因次生产时间较长时,有可能会出现 $\gamma_{\mathrm{D}}\xi \geqslant 1$ 的情况,此时求解会遇到困难。

利用数值法可以解决有界压敏性气藏的不稳定渗流问题,且不受无因次生产时间长短的限制。在数值求解方法中,有限差分法是应用最多也最成熟的方法,本章即是采用全隐式差分格式对建立的压敏性径向复合气藏不稳定试井解释模型进行求解。

1)试井解释数学模型的差分格式

在对不稳定试井解释模型进行空间离散时,可以选用块中心网格系统或点中心网格系统。理论分析表明,对不等距网格使用块中心网格的误差要大于点中心网格的误差,所以本书在空间上采用点中心网格系统对试井解释数学模型进行离散。

对于圆形气藏内的径向渗流问题,地层中的压力分布与半径并不成线性关系,越靠近井底,压力变化越明显,远井地区的压力变化则较缓慢。如果采用均匀网格剖分进行数值求解,必然会造成很大的误差。为了克服压降漏斗带来的不利影响,计算时能保证较高的精度,本书采用非均匀网格系统对不稳定试井解释模型进行离散,即在井底附近网格密,在远离井的区域网格稀。

首先作变换 $x_{\mathrm{D}} = \ln r_{\mathrm{D}}$,然后采用不等距网格系统对上述试井解释模型进行有限差分离散。对于第 j 区,离散点记为 N_{j-1},$N_{j-1}+1$,$\cdots$,N_j,网格步长记为 $\Delta x_{j\mathrm{D}}$,则第 j 区渗流微分方程式 (4.2.1) 的差分格式可写为:

$$\mathrm{e}^{-\gamma_{j\mathrm{D}} p_{j\mathrm{D}(i-1/2)}^{k}} p_{j\mathrm{D}(i-1)}^{k+1} - \left[\mathrm{e}^{-\gamma_{j\mathrm{D}} p_{j\mathrm{D}(i-1/2)}^{k}} + \mathrm{e}^{-\gamma_{j\mathrm{D}} p_{j\mathrm{D}(i+1/2)}^{k}} + \frac{\Delta x_{j\mathrm{D}}^2 \mathrm{e}^{2x_{\mathrm{D}i}-2S}}{\eta_{\mathrm{D}j}\left(t_{\mathrm{D}}^{k+1} - t_{\mathrm{D}}^{k}\right)} \right] p_{j\mathrm{D}i}^{k+1}$$

$$+ \mathrm{e}^{-\gamma_{j\mathrm{D}} p_{j\mathrm{D}(i+1/2)}^{k}} p_{j\mathrm{D}(i+1)}^{k+1} = -\frac{\Delta x_{j\mathrm{D}}^2 \mathrm{e}^{2x_{\mathrm{D}i}-2S}}{\eta_{\mathrm{D}j}\left(t_{\mathrm{D}}^{k+1} - t_{\mathrm{D}}^{k}\right)} p_{j\mathrm{D}i}^{k} \qquad (4.2.11)$$

初始条件的差分格式为:

$$p_{j\mathrm{D}i}^{0}=0, \quad i=0,\ 1,\ \cdots,\ N_n \qquad (4.2.12)$$

内边界条件的差分格式可写为:

$$\left[\frac{C_{\mathrm{D}}}{t_{\mathrm{D}}^{k+1} - t_{\mathrm{D}}^{k}} + \frac{\mathrm{e}^{-\gamma_{1\mathrm{D}} p_{1\mathrm{D}1/2}^{k}}}{\Delta x_{1\mathrm{D}}} \right] p_{1\mathrm{D}0}^{k+1} - \frac{\mathrm{e}^{-\gamma_{1\mathrm{D}} p_{1\mathrm{D}1/2}^{k}}}{\Delta x_{1\mathrm{D}}} p_{1\mathrm{D}1}^{k+1} = 1 + \frac{C_{\mathrm{D}}}{t_{\mathrm{D}}^{k+1} - t_{\mathrm{D}}^{k}} p_{1\mathrm{D}0}^{k} \qquad (4.2.13)$$

$$p_{\mathrm{wfD}}^{k+1} = p_{1\mathrm{D}0}^{k+1} \qquad (4.2.14)$$

三种不同类型外边界条件的差分格式可写为:

$$\lim_{i\to\infty} p_{n\mathrm{D}i}^{k+1}=0, \quad k=0,\ 1,\cdots,\ NT-1 \ (\text{无限大外边界}) \qquad (4.2.15)$$

$$p_{n\mathrm{D}N_n}^{k+1} = p_{n\mathrm{D}(N_n-1)}^{k+1}, \quad k = 0,\ 1,\cdots,\ NT-1 \ (\text{封闭外边界}) \tag{4.2.16}$$

$$p_{n\mathrm{D}N_n}^{k+1} = 0, \quad k = 0,\ 1,\cdots,\ NT-1 \ (\text{定压外边界}) \tag{4.2.17}$$

第 j 个不连续界面处，连接条件的差分格式为：

$$\frac{\mathrm{e}^{-\gamma_{j\mathrm{D}} p_{j\mathrm{D}(N_j-1/2)}^k}}{\Delta x_{j\mathrm{D}}} p_{j\mathrm{D}(N_j-1)}^{k+1} - \left[\frac{\mathrm{e}^{-\gamma_{j\mathrm{D}} p_{j\mathrm{D}(N_j-1/2)}^k}}{\Delta x_{j\mathrm{D}}} + \frac{h_{\mathrm{D}j} M_j \mathrm{e}^{-\gamma_{(j+1)\mathrm{D}} p_{j\mathrm{D}(N_j+1/2)}^k}}{\Delta x_{(j+1)\mathrm{D}}} \right] p_{j\mathrm{D}N_j}^{k+1}$$

$$+ \frac{h_{\mathrm{D}j} M_j \mathrm{e}^{-\gamma_{(j+1)\mathrm{D}} p_{j\mathrm{D}(N_j+1/2)}^k}}{\Delta x_{(j+1)\mathrm{D}}} p_{(j+1)\mathrm{D}(N_j+1)}^{k+1} = 0 \tag{4.2.18}$$

其中

$$p_{j\mathrm{D}(i+1/2)}^k = \frac{p_{j\mathrm{D}i}^k + p_{j\mathrm{D}(i+1)}^k}{2}, \quad p_{j\mathrm{D}(i-1/2)}^k = \frac{p_{j\mathrm{D}i}^k + p_{j\mathrm{D}(i-1)}^k}{2}$$

式中　i——空间位置，$i=0$，1，2，$\cdots$，N_n；

　　　k——时间步，$k=0$，1，$\cdots$，NT；

　　　NT——总时间步长数；

　　　$p_{j\mathrm{D}i}^k$——k 时刻第 j 区内第 i 个离散节点处的压力值。

　2）试井解释差分模型的求解

　　式（4.2.11）至式（4.2.18）形成了一个线性代数方程组，由于是一维渗流问题，该差分方程组的系数矩阵为三对角矩阵。可以用追赶法来求取三对角矩阵方程组，该方法比较简单且应用也极为广泛。

　　设上述差分方程组可简写成如下矩阵形式：

$$AP=B \tag{4.2.19}$$

式中　A——三对角系数矩阵；

　　　P——未知数，本书中为离散节点处压力；

　　　B——常数矩阵。

　　追赶法的基本思路是将三对角系数矩阵 A 分解成一个下三角矩阵 L 和一个单位上三角矩阵 U 的乘积：

$$A=LU \tag{4.2.20}$$

将式（4.2.20）代入式（4.2.19），可得到如下表达式：

$$LUP=B \tag{4.2.21}$$

令：

$$UP=Y \tag{4.2.22}$$

则：

$$LY=B \tag{4.2.23}$$

因为 L 是下三角矩阵，故利用向前消去法很容易得到式（4.2.23）的解 Y。可以看到，Y 是式（4.2.22）的右端向量，由于 U 是单位上三角矩阵，利用回代法可以很容易得到式（4.2.22）的解，即差分线性方程组的解 P。

综上所述，利用上述三对角追赶法求解，可以得到在 $k+1$ 时刻地层中以及井底处的压力分布。计算结果表明，该有限差分求解方法是稳定的且计算简单，绘制得到的典型曲线也十分精确。

三、单一介质压敏性径向复合气藏典型曲线特征分析

为简化讨论，仅取两区（$n=2$）径向复合情况进行分析，但上述试井解释模型和数值算法适用于任意有限个区域的情形。

与第二章第一节相比，本节推导的模型中多了一个描述渗透率应力敏感程度的参数 γ_D，其他参数对典型曲线特征的影响与第二章第一节相同，故此处只讨论无因次渗透率模量 γ_D 对典型曲线形态的影响。

图 4.2.1 和图 4.2.2 是当内外区渗透率模量相等时（$\gamma_{1D}=\gamma_{2D}$），无限大气藏井底压力动态的变化曲线。从图中可以看出，由于渗透率应力敏感性的存在，典型曲线表现出与不考虑应力敏感（即 $\gamma_{1D}=\gamma_{2D}=0$）时不同的特征。首先，无因次压力及压力导数曲线从井储阶段末期开始上翘；其次，反映内、外区径向流阶段的压力导数曲线不再保持为水平线，而是都表现为上翘的直线，其上翘程度由无因次渗透率模量大小决定，γ_{1D} 和 γ_{2D} 越小，上翘程度就越不明显。需要注意的是，由于应力敏感性的存在，使得不等厚径向复合无限大气藏在晚期时表现出和不存在应力敏感时封闭外边界气藏类似的压力特征，如图 4.2.1 中 $\gamma_{1D}=\gamma_{2D}=0.1$ 所对应的曲线。

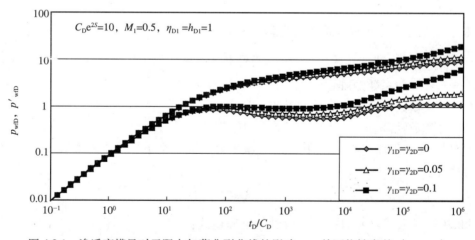

图 4.2.1　渗透率模量对无限大气藏典型曲线的影响——外区物性变差（$\gamma_{1D}=\gamma_{2D}$）

图 4.2.3 和图 4.2.4 是当内外区渗透率模量相等时（$\gamma_{1D}=\gamma_{2D}$），定压外边界气藏井底压力动态的变化曲线。从图中可以看出，与图 4.2.1 和图 4.2.2 类似，考虑渗透率应力敏感时，无因次压力及压力导数曲线从井储阶段末期开始上翘，反映内、外区径向流阶段的压力导数曲线不再保持为水平线，而是都表现为上翘的直线，具体的上翘程度与无因次渗透率模量有关，γ_{1D} 和 γ_{2D} 越小，上翘程度就越不明显。当压力波传播到气藏边界后，受定压外边界的影响，压力导数曲线急剧下掉。

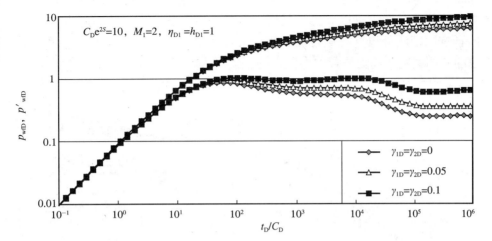

图 4.2.2　渗透率模量对无限大气藏典型曲线的影响——外区物性变好（$\gamma_{1D}=\gamma_{2D}$）

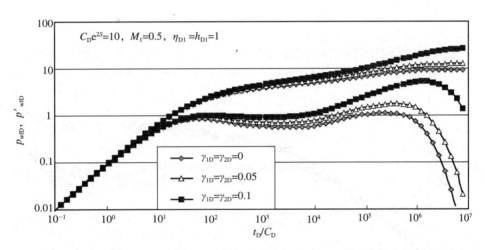

图 4.2.3　渗透率模量对定压外边界气藏典型曲线的影响——外区物性变差（$\gamma_{1D}=\gamma_{2D}$）

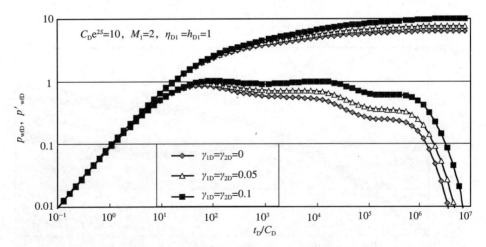

图 4.2.4　渗透率模量对定压外边界气藏典型曲线的影响——外区物性变好（$\gamma_{1D}=\gamma_{2D}$）

图 4.2.5 和图 4.2.6 是当内外区渗透率模量相等时（$\gamma_{1D}=\gamma_{2D}$），封闭外边界气藏井底压力动态的变化曲线。从图中可以看出，当压力波传播到边界前，渗透率应力敏感性对典型曲线形态的影响同定压外边界气藏类似；当压力波传播到气藏边界后，受封闭外边界和应力敏感效应的共同影响，压力导数曲线的上翘幅度增大，其斜率大于 1。

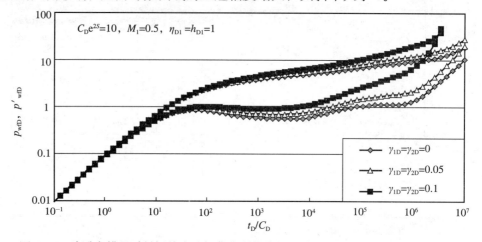

图 4.2.5　渗透率模量对封闭外边界气藏典型曲线的影响——外区物性变差（$\gamma_{1D}=\gamma_{2D}$）

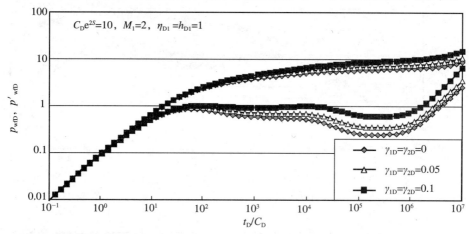

图 4.2.6　渗透率模量对封闭外边界气藏典型曲线的影响——外区物性变好（$\gamma_{1D}=\gamma_{2D}$）

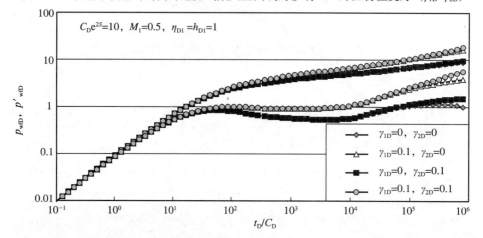

图 4.2.7　渗透率模量对无限大气藏典型曲线的影响——外区物性变差（$\gamma_{1D} \neq \gamma_{2D}$）

图 4.2.7 和图 4.2.8 是当内外区渗透率模量不相等时（$\gamma_{1D} \neq \gamma_{2D}$），无限大气藏井底压力动态的变化曲线。从图中可以看出，与不存在应力敏感情况相比（$\gamma_{1D}=\gamma_{2D}=0$），当内区渗透率模量不为零而外区渗透率模量为零时，如图 4.2.7 和图 4.2.8 中的 $\gamma_{1D}=0.1$ 且 $\gamma_{2D}=0$，无因次压力及压力导数曲线出现了明显的上翘。但对于内区渗透率模量为零而外区渗透率模量不为零的情况，如图 4.2.7 和图 4.2.8 中的 $\gamma_{1D}=0$ 且 $\gamma_{2D}=0.1$，当无因次时间较小时，基本看不出应力敏感的影响；当无因次时间较大时，无因次压力及压力导数曲线才表现出小幅度的上翘，即内区（近井地带）的应力敏感性对无因次压力及压力导数的影响更大，外区的应力敏感性对无因次压力及压力导数的影响则较小。这主要是因为地层中压降主要集中在近井地带，当近井地带存在应力敏感时，气体流动产生的压降更大，反映在典型曲线上即是无因次压力及压力导数曲线的位置更高。另外，还可以观察到，当外区物性变差时（图4.2.7），应力敏感对典型曲线形态的影响要更明显一些。

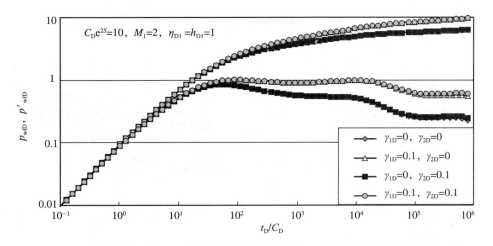

图 4.2.8　渗透率模量对无限大气藏典型曲线的影响——外区物性变好（$\gamma_{1D} \neq \gamma_{2D}$）

图 4.2.9 至图 4.2.12 是当内外区渗透率模量不相等时（$\gamma_{1D} \neq \gamma_{2D}$），定压和封闭外边界气藏井底压力动态的变化曲线。从图中可以得到与图 4.2.7 和图 4.2.8 类似的结论，即内区应力敏感性大小对典型曲线形态的影响更明显，且当外区物性变差时，这种影响更明显。

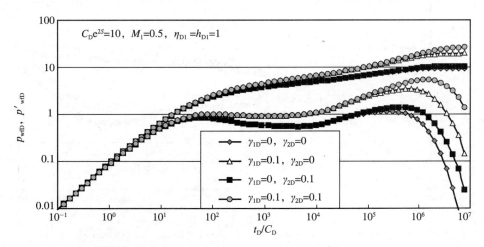

图 4.2.9　渗透率模量对定压外边界气藏典型曲线的影响——外区物性变差（$\gamma_{1D} \neq \gamma_{2D}$）

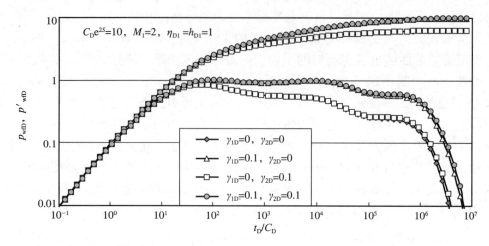

图 4.2.10 渗透率模量对定压外边界气藏典型曲线的影响——外区物性变好（$\gamma_{1D} \neq \gamma_{2D}$）

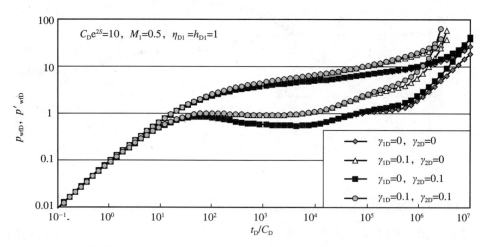

图 4.2.11 渗透率模量对封闭外边界气藏典型曲线的影响——外区物性变差（$\gamma_{1D} \neq \gamma_{2D}$）

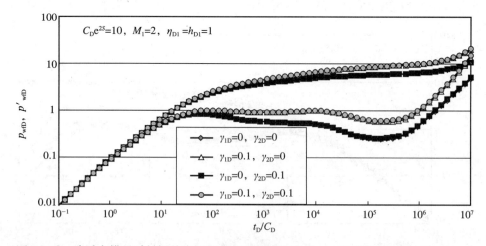

图 4.2.12 渗透率模量对封闭外边界气藏典型曲线的影响——外区物性变好（$\gamma_{1D} \neq \gamma_{2D}$）

第三节　双重介质压敏性径向复合气藏试井理论

一、双重介质压敏性径向复合气藏渗流物理模型和假设

考虑一顶底封闭的双重介质水平圆形地层，井位于圆心处。气藏中具有物性不同的 n 个环状区域，假设各区裂缝系统均存在应力敏感性，且各区裂缝系统渗透率随地层压力的变化关系用指数式模型描述，各区裂缝系统应力敏感系数可以不同。其余假设条件以及气藏示意图同第二章第二节。

二、双重介质压敏性径向复合气藏试井解释数学模型及求解

1. 双重介质压敏性径向复合气藏试井解释数学模型

依据上述渗流物理模型，以渗流力学理论为基础，即可推导得到如下考虑裂缝系统渗透率应力敏感、井储效应和表皮效应影响的双重介质多区不等厚径向复合气藏无因次试井解释数学模型。

（1）渗流微分方程：

$$\frac{1}{r_{\mathrm{D}}}\frac{\partial}{\partial r_{\mathrm{D}}}\left(r_{\mathrm{D}}\mathrm{e}^{-\gamma_{\mathrm{f}jD}p_{\mathrm{D}fj}}\frac{\partial p_{\mathrm{D}fj}}{\partial r_{\mathrm{D}}}\right)-\lambda_j\mathrm{e}^{-2S}\left(p_{\mathrm{D}fj}-p_{\mathrm{D}mj}\right)=\frac{\omega_j\mathrm{e}^{-2S}}{\eta_{\mathrm{D}j}}\frac{\partial p_{\mathrm{D}fj}}{\partial t_{\mathrm{D}}}\ ,\ r_{(j-1)\mathrm{D}}\leqslant r_{\mathrm{D}}\leqslant r_{j\mathrm{D}} \quad (4.3.1)$$

$$\frac{1-\omega_j}{\eta_{\mathrm{D}j}}\frac{\partial p_{\mathrm{D}mj}}{\partial t_{\mathrm{D}}}-\lambda_j\left(p_{\mathrm{D}fj}-p_{\mathrm{D}mj}\right)=0\ ,\ r_{(j-1)\mathrm{D}}\leqslant r_{\mathrm{D}}\leqslant r_{j\mathrm{D}} \quad (4.3.2)$$

式中　$\gamma_{\mathrm{f}j\mathrm{D}}$——第 j 个环状区域无因次裂缝渗透率模量。

（2）初始条件：

$$p_{\mathrm{D}fj}\big|_{t_{\mathrm{D}}=0}=p_{\mathrm{D}mj}\big|_{t_{\mathrm{D}}=0}=0 \quad (4.3.3)$$

（3）内边界条件。同时考虑储层渗透率应力敏感、井筒储集效应和表皮效应的内边界条件为：

$$C_{\mathrm{D}}\frac{\mathrm{d}p_{\mathrm{wf}\mathrm{D}}}{\mathrm{d}t_{\mathrm{D}}}-\left(\mathrm{e}^{-\gamma_{\mathrm{f}1\mathrm{D}}p_{\mathrm{D}f1}}\frac{\partial p_{\mathrm{D}f1}}{\partial r_{\mathrm{D}}}\right)\bigg|_{r_{\mathrm{D}}=1}=1 \quad (4.3.4)$$

$$p_{\mathrm{wf}\mathrm{D}}=p_{\mathrm{D}f1}\big|_{r_{\mathrm{D}}=1} \quad (4.3.5)$$

（4）外边界条件。考虑三种不同类型的外边界情况：

$$\lim_{r_{\mathrm{D}}\to\infty}p_{\mathrm{D}fn}\left(r_{\mathrm{D}},t_{\mathrm{D}}\right)=0\ \text{（无限大外边界）} \quad (4.3.6)$$

$$\frac{\partial p_{\mathrm{D}fn}\left(r_{\mathrm{D}},t_{\mathrm{D}}\right)}{\partial r_{\mathrm{D}}}\bigg|_{r_{\mathrm{D}}=r_{n\mathrm{D}}}=0\ \text{（封闭外边界）} \quad (4.3.7)$$

$$p_{\mathrm{D}fn}\left(r_{\mathrm{D}},t_{\mathrm{D}}\right)\big|_{r_{\mathrm{D}}=r_{n\mathrm{D}}}=0\ \text{（定压外边界）} \quad (4.3.8)$$

（5）连接条件：

$$p_{\mathrm{D}fj}\big|_{r_{\mathrm{D}}=r_{j\mathrm{D}}} = p_{\mathrm{D}f(j+1)}\big|_{r_{\mathrm{D}}=r_{j\mathrm{D}}} \tag{4.3.9}$$

$$\mathrm{e}^{-\gamma_{fj\mathrm{D}} p_{\mathrm{D}fj}}\frac{\partial p_{\mathrm{D}fj}}{\partial r_{\mathrm{D}}}\bigg|_{r_{\mathrm{D}}=r_{j\mathrm{D}}} = h_{\mathrm{D}j}M_j \mathrm{e}^{-\gamma_{f(j+1)\mathrm{D}} p_{\mathrm{D}f(j+1)}}\frac{\partial p_{\mathrm{D}f(j+1)}}{\partial r_{\mathrm{D}}}\bigg|_{r_{\mathrm{D}}=r_{j\mathrm{D}}} \tag{4.3.10}$$

上述模型中涉及的无因次变量定义如下：

$$p_{\mathrm{D}fj} = \frac{\pi K_{f10}h_1T_{\mathrm{sc}}}{q_{\mathrm{sc}}p_{\mathrm{sc}}T}\left(\psi_i - \psi_{fj}\right), \quad p_{\mathrm{D}mj} = \frac{\pi K_{f10}h_1T_{\mathrm{sc}}}{q_{\mathrm{sc}}p_{\mathrm{sc}}T}\left(\psi_i - \psi_{mj}\right), \quad j=1,2,\cdots,n$$

$$p_{\mathrm{wf}\mathrm{D}} = \frac{\pi K_{f10}h_1T_{\mathrm{sc}}}{q_{\mathrm{sc}}p_{\mathrm{sc}}T}\left(\psi_i - \psi_{\mathrm{wf}}\right), \quad \gamma_{fj\mathrm{D}} = \frac{q_{\mathrm{sc}}p_{\mathrm{sc}}T}{\pi K_{f10}h_1T_{\mathrm{sc}}}\gamma_{fj}, \quad j=1,2,\cdots,n$$

$$t_{\mathrm{D}} = \frac{K_{f10}t}{\left(\phi_1 C_{g1,i}\right)_{f+m}\mu_{1,i}r_{\mathrm{w}}^2}, \quad C_{\mathrm{D}} = \frac{C}{2\pi h_1\left(\phi_1 C_{g1,i}\right)_{f+m}r_{\mathrm{w}}^2}, \quad r_{\mathrm{D}} = \frac{r}{r_{\mathrm{w}}\mathrm{e}^{-S}}$$

$$M_j = \frac{K_{f(j+1)0}}{K_{fj0}}, \quad h_{\mathrm{D}j} = \frac{h_{j+1}}{h_j}, \quad \eta_{\mathrm{D}j} = \frac{K_{fj0}/\left[\left(\phi_j C_{gj,i}\right)_{f+m}\mu_{j,i}\right]}{K_{f10}/\left[\left(\phi_1 C_{g1,i}\right)_{f+m}\mu_{1,i}\right]}$$

$$\lambda_j = \alpha\frac{K_{mj}}{K_{fj0}}r_{\mathrm{w}}^2, \quad \omega_j = \frac{\left(\phi_j C_{gj,i}\right)_f}{\left(\phi_j C_{gj,i}\right)_{f+m}}$$

2. 双重介质压敏性径向复合气藏试井解释数学模型的求解

本章采用全隐式差分格式对建立的双重介质压敏性径向复合气藏不稳定试井解释模型进行求解。首先作变换 $x_{\mathrm{D}}=\ln r_{\mathrm{D}}$，并采用不等距网格系统对上述试井解释模型进行有限差分离散。对于第 j 区，离散点记为 N_{j-1}，$N_{j-1}+1$，$\cdots$，N_j，网格步长记为 $\Delta x_{j\mathrm{D}}$，则第 j 区裂缝系统渗流微分方程式（4.3.1）的差分格式可写为：

$$\frac{1}{\Delta x_{j\mathrm{D}}}\left\{\mathrm{e}^{-\gamma_{fj\mathrm{D}} p_{\mathrm{D}fj,i+1/2}^k}\frac{p_{\mathrm{D}fj,i+1}^{k+1}-p_{\mathrm{D}fj,i}^{k+1}}{\Delta x_{j\mathrm{D}}} - \mathrm{e}^{-\gamma_{fj\mathrm{D}} p_{\mathrm{D}fj,i-1/2}^k}\frac{p_{\mathrm{D}fj,i}^{k+1}-p_{\mathrm{D}fj,i-1}^{k+1}}{\Delta x_{j\mathrm{D}}}\right\}$$

$$= \frac{\mathrm{e}^{2x_{\mathrm{D}i}-2S}}{\eta_{\mathrm{D}j}\left(t_{\mathrm{D}}^{k+1}-t_{\mathrm{D}}^k\right)}\left[\omega_{mj}\left(p_{\mathrm{D}mj,i}^{k+1}-p_{\mathrm{D}mj,i}^k\right)+\omega_{fj}\left(p_{\mathrm{D}fj,i}^{k+1}-p_{\mathrm{D}fj,i}^k\right)\right] \tag{4.3.11}$$

式中，$\omega_{fj}=\omega_j$，$\omega_{mj}=1-\omega_j$。

第 j 区基质系统渗流微分方程式（4.3.2）的差分格式可写为：

$$p_{\mathrm{D}mj,i}^{k+1} = \frac{\omega_{mj}}{\omega_{mj}+\lambda_j\eta_{\mathrm{D}j}\left(t_{\mathrm{D}}^{k+1}-t_{\mathrm{D}}^k\right)}p_{\mathrm{D}mj,i}^k + \frac{\lambda_j\eta_{\mathrm{D}j}\left(t_{\mathrm{D}}^{k+1}-t_{\mathrm{D}}^k\right)}{\omega_{mj}+\lambda_j\eta_{\mathrm{D}j}\left(t_{\mathrm{D}}^{k+1}-t_{\mathrm{D}}^k\right)}p_{\mathrm{D}fj,i}^{k+1} \tag{4.3.12}$$

将式（4.3.12）代入式（4.3.11）并化简，可得到：

$$e^{-\gamma_{fjD}p_{Dfj,i-1/2}^k}p_{Dfj,i-1}^{k+1} + e^{-\gamma_{fjD}p_{Dfj,i+1/2}^k}p_{Dfj,i+1}^{k+1}$$

$$-\left\{e^{-\gamma_{fjD}p_{Dfj,i+1/2}^k} + e^{-\gamma_{fjD}p_{Dfj,i-1/2}^k} + \frac{\Delta x_{jD}^2 e^{2x_{Di}-2S}\omega_{mj}\lambda_j}{\omega_{mj}+\eta_{Dj}\left(t_D^{k+1}-t_D^k\right)\lambda_j} + \frac{\Delta x_{jD}^2 e^{2x_{Di}-2S}\omega_{fj}}{\eta_{Dj}\left(t_D^{k+1}-t_D^k\right)}\right\}p_{Dfj,i}^{k+1}$$

$$= -\frac{\Delta x_{jD}^2 \omega_{fj}e^{2x_{Di}-2S}}{\eta_{Dj}\left(t_D^{k+1}-t_D^k\right)}p_{Dfj,i}^k - \frac{\Delta x_{jD}^2 \omega_{mj}\lambda_j e^{2x_{Di}-2S}}{\omega_{mj}+\eta_{Dj}\left(t_D^{k+1}-t_D^k\right)\lambda_j}p_{Dmj,i}^k \qquad (4.3.13)$$

初始条件的差分格式为：

$$p_{Dfj,i}^0 = p_{Dmj,i}^0 \qquad i=0,\ 1,\ \cdots,\ N_n \qquad (4.2.14)$$

对内边界条件差分，可得到：

$$\left[\frac{C_D}{t_D^{k+1}-t_D^k} + \frac{e^{-\gamma_{f1D}p_{Df1,1/2}}}{\Delta x_{1D}}\right]p_{Df1,0}^{k+1} - \frac{e^{-\gamma_{f1D}p_{Df1,1/2}}}{\Delta x_{1D}}p_{Df1,1}^{k+1} = 1 + \frac{C_D}{t_D^{k+1}-t_D^k}p_{Df1,0}^k \qquad (4.3.15)$$

$$p_{wfD}^{k+1} = p_{Df1,0}^{k+1} \qquad (4.3.16)$$

三种不同类型外边界条件的差分格式可写为：

$$\lim_{i\to\infty}p_{Dfn,i}^{k+1}=0,\ k=0,\ 1,\cdots,\ NT-1\ （无限大外边界）\qquad (4.3.17)$$

$$p_{Dfn,N_n}^{k+1} = p_{Dfn,N_n-1}^{k+1},\ k=0,\ 1,\cdots,\ NT-1\ （封闭外边界）\qquad (4.3.18)$$

$$p_{Dfn,N_n}^{k+1} = 0,\ k=0,\ 1,\cdots,\ NT-1\ （定压外边界）\qquad (4.3.19)$$

第 j 个不连续界面处，连接条件的差分格式为：

$$\frac{e^{-\gamma_{fjD}p_{Dfj,N_j-1/2}^k}}{\Delta x_{jD}}p_{Dfj,N_j-1}^{k+1} - \left[\frac{e^{-\gamma_{fjD}p_{Dfj,N_j-1/2}^k}}{\Delta x_{jD}} + \frac{h_{Dj}M_j e^{-\gamma_{f(j+1)D}p_{Df(j+1),N_j+1/2}^k}}{\Delta x_{(j+1)D}}\right]p_{Dfj,N_j}^{k+1}$$

$$+\frac{h_{Dj}M_j e^{-\gamma_{f(j+1)D}p_{Df(j+1),N_j+1/2}^k}}{\Delta x_{(j+1)D}}p_{Df(j+1),N_j+1}^{k+1} = 0 \qquad (4.3.20)$$

其中：$p_{Dfj,i+1/2}^k = \dfrac{p_{Dfj,i}^k + p_{Dfj,i+1}^k}{2}$，$p_{Dfj,i-1/2}^k = \dfrac{p_{Dfj,i}^k + p_{Dfj,i-1}^k}{2}$。

式（4.3.11）至式（4.3.20）组成的差分方程组的系数矩阵也为三对角矩阵，可利用三对角追赶法进行求解，可以得到在 $k+1$ 时刻地层中裂缝系统以及井底处的压力分布，利用式（4.3.12）求得 $k+1$ 时刻基质系统的压力分布后，即可转入下一个时间步的计算。

三、双重介质压敏性径向复合气藏典型曲线特征分析

为简化讨论，仅取两区（$n=2$）径向复合情况进行分析，但上述试井解释模型和数值算法适用于任意有限个区域的情形。

与第二章第二节相比，本节推导的模型中多了一个描述裂缝系统渗透率应力敏感程度的参数 γ_{fD}，其他参数对典型曲线特征的影响与第二章第二节相同，故此处只讨论无因次裂缝系统渗透率模量 γ_{fD} 对典型曲线形态的影响。

图 4.3.1 和图 4.3.2 是当内外区裂缝渗透率模量相等时（$\gamma_{f1D}=\gamma_{f2D}$），双重介质无限大气藏井底压力动态的变化曲线。从图中可以看出，由于裂缝系统渗透率应力敏感性的存在，无因次压力及压力导数曲线从井储阶段末期就开始上翘，反映内区基质系统向裂缝系统窜流的"凹子"的位置也相应变高。此外，反映内区总系统径向流的压力导数曲线此时不再是数值为 0.5 的水平线，而是一条高于数值为 0.5 的水平线的略微上翘的曲线，其上翘程度取决于无因次裂缝系统渗透率模量大小，γ_{f1D} 越大，则其上翘越厉害。压力波传播到外区之后，受渗透率应力敏感的影响，反映外区基质系统向裂缝系统窜流的"凹子"的位置也变高，反映外区总系统径向流的压力导数曲线也表现为一条上翘的曲线，其上翘程度取决于无因次裂缝渗透率模量 γ_{f1D} 和 γ_{f2D} 的大小。需要注意的是，由于应力敏感性的存在，使得无限大双重介质气藏在晚期时表现出和不存在应力敏感时的封闭外边界双重介质气藏类似的压力特征，如图 4.3.1 中 $\gamma_{f1D}=\gamma_{f2D}=0.1$ 所对应的曲线。

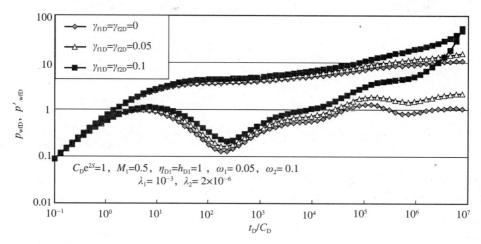

图 4.3.1　渗透率模量对双重介质无限大气藏典型曲线的影响——外区物性变差（$\gamma_{f1D}=\gamma_{f2D}$）

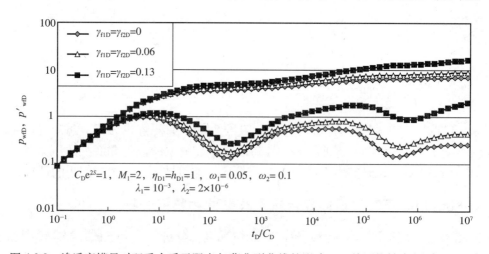

图 4.3.2　渗透率模量对双重介质无限大气藏典型曲线的影响——外区物性变好（$\gamma_{f1D}=\gamma_{f2D}$）

图 4.3.3 和图 4.3.4 是当内外区裂缝渗透率模量相等时（$\gamma_{f1D}=\gamma_{f2D}$），双重介质定压外边界气藏井底压力动态的变化曲线。从图中可以看出，与图 4.3.1 和图 4.3.2 类似，裂缝系统渗透率应力敏感性对初期压力及压力导数的影响比较小，无因次压力及压力导数曲线从井储

阶段末期开始上翘，反映内、外区基质与裂缝间窜流的"凹子"的位置也相应变高。γ_{f1D} 和 γ_{f2D} 越大，无因次压力及压力导数曲线上翘的程度越明显。当压力波传播到气藏定压外边界后，受供给边界的影响，压力导数曲线出现下掉。

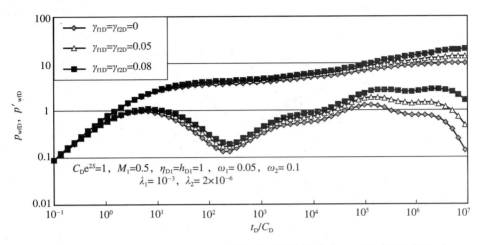

图 4.3.3　渗透率模量对双重介质定压外边界气藏典型曲线的影响——外区物性变差（$\gamma_{f1D}=\gamma_{f2D}$）

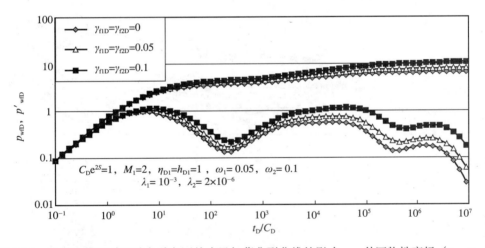

图 4.3.4　渗透率模量对双重介质定压外边界气藏典型曲线的影响——外区物性变好（$\gamma_{f1D}=\gamma_{f2D}$）

　　图 4.3.5 和图 4.3.6 是当内外区裂缝系统渗透率模量相等时（$\gamma_{f1D}=\gamma_{f2D}$），双重介质封闭外边界气藏井底压力动态的变化曲线。从图中可以看出，当压力波传播到边界前，裂缝系统渗透率应力敏感性对典型曲线形态的影响同定压外边界气藏类似。当压力波传播到气藏边界后，受封闭外边界和应力敏感效应的共同影响，压力导数曲线的上翘幅度增大，其斜率大于 1，斜率的具体数值与无因次裂缝系统渗透率模量有关。

　　图 4.3.7 和图 4.3.8 是当内外区裂缝系统渗透率模量不相等时（$\gamma_{f1D} \neq \gamma_{f2D}$），双重介质无限大气藏井底压力动态的变化曲线。从图中可以看出，与不存在应力敏感情况相比（$\gamma_{f1D}=\gamma_{f2D}=0$），当只有内区裂缝系统存在应力敏感时，如图 4.3.7 中的 $\gamma_{f1D}=0.1$ 且 $\gamma_{f2D}=0$ 和图 4.3.8 中的 $\gamma_{f1D}=0.12$ 且 $\gamma_{f2D}=0$，无因次压力及压力导数曲线出现了明显的上翘。但对于仅考虑外区裂缝系统应力敏感时，如图 4.3.7 中的 $\gamma_{f1D}=0$ 且 $\gamma_{f2D}=0.1$ 和图 4.3.8 中的 $\gamma_{f1D}=0$ 且 $\gamma_{f2D}=0.12$，只有当无因次时间较大时，无因次压力及压力导数曲线才表现出上翘的趋势。另

外，还可以观察到，当外区物性变差时（图4.3.7），裂缝系统应力敏感对典型曲线形态的影响要更明显一些，这些特征都与单一介质压敏性径向复合气藏类似。

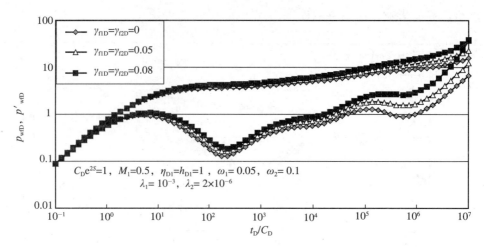

图 4.3.5　渗透率模量对双重介质封闭外边界气藏典型曲线的影响——外区物性变差（$\gamma_{f1D}=\gamma_{f2D}$）

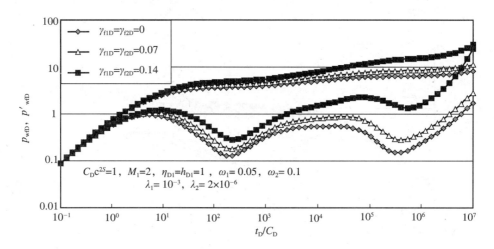

图 4.3.6　渗透率模量对双重介质封闭外边界气藏典型曲线的影响——外区物性变好（$\gamma_{f1D}=\gamma_{f2D}$）

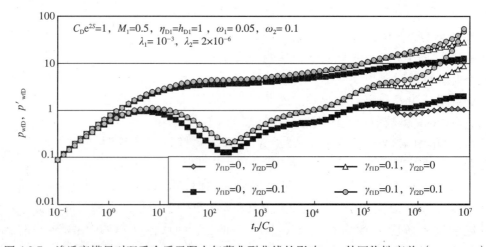

图 4.3.7　渗透率模量对双重介质无限大气藏典型曲线的影响——外区物性变差（$\gamma_{f1D} \neq \gamma_{f2D}$）

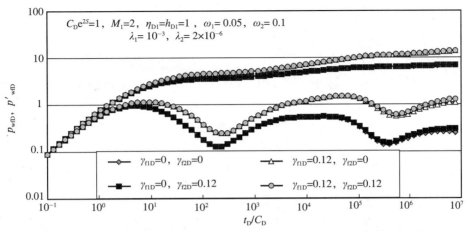

图 4.3.8　渗透率模量对双重介质无限大气藏典型曲线的影响——外区物性变好（$\gamma_{f1D} \neq \gamma_{f2D}$）

　　图 4.3.9 至图 4.3.12 是当内外区裂缝系统渗透率模量不相等时（$\gamma_{f1D} \neq \gamma_{f2D}$），双重介质定压和封闭外边界气藏井底压力动态的变化曲线。从图中可以得到与图 4.3.7 和图 4.3.8 类似的结论，即内区裂缝系统应力敏感性大小对典型曲线形态的影响更明显，且当外区物性变差时，这种影响更明显。

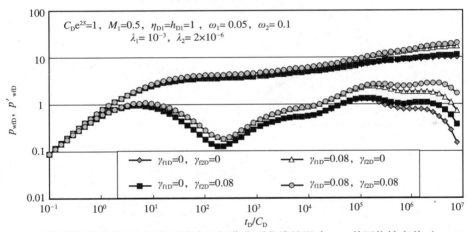

图 4.3.9　渗透率模量对双重介质定压外边界气藏典型曲线的影响——外区物性变差（$\gamma_{f1D} \neq \gamma_{f2D}$）

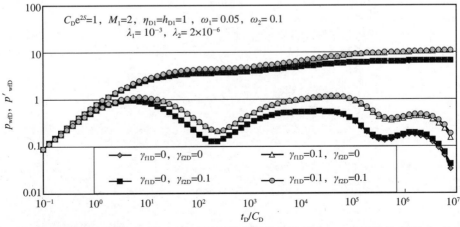

图 4.3.10　渗透率模量对双重介质定压外边界气藏典型曲线的影响——外区物性变好（$\gamma_{f1D} \neq \gamma_{f2D}$）

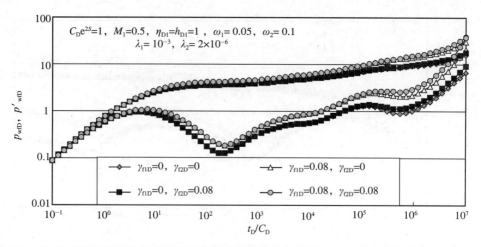

图 4.3.11　渗透率模量对双重介质封闭外边界气藏典型曲线的影响——外区物性变差（$\gamma_{f1D} \neq \gamma_{f2D}$）

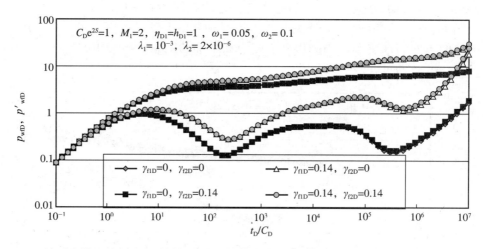

图 4.3.12　渗透率模量对双重介质封闭外边界气藏典型曲线的影响——外区物性变好（$\gamma_{f1D} \neq \gamma_{f2D}$）

第五章 压敏性线性复合气藏试井理论

本章从不同的渗透率应力敏感模型出发，针对条带状单一介质气藏和双重介质气藏，建立了两区、三区压敏性线性复合气藏试井模型，并采用有限差分方法对其进行了求解，最后对应力敏感对压力动态的影响进行了研究和讨论。

第一节 单一介质压敏性两区线性复合气藏试井理论

一、单一介质压敏性两区线性复合气藏渗流物理模型和假设

考虑一顶底封闭且在平面上具有平行不渗透边界的条带状地层，气藏中具有物性不同的两个半无限大区域，井位于其中一个区域。两个区域均存在应力敏感性，储层渗透率随地层压力的变化关系可用指数式模型描述，两区的应力敏感系数可不相同。其余假设条件以及气藏示意图同第三章第一节。

二、单一介质压敏性两区线性复合气藏试井解释数学模型及求解

1. 单一介质压敏性两区线性复合气藏试井解释数学模型

依据上述渗流物理模型和图 3.1.1，以渗流力学理论为基础，即可推导得到如下考虑储层渗透率应力敏感影响的两区不等厚线性复合气藏无因次试井解释数学模型。

（1）渗流微分方程。将井视为定产量线源考虑到井所在的 I 区储层渗流微分方程中，可得到：

$$\frac{\partial}{\partial x_{\mathrm{D}}}\left[\mathrm{e}^{-\gamma_{1\mathrm{D}}p_{1\mathrm{D}}}\frac{\partial p_{1\mathrm{D}}}{\partial x_{\mathrm{D}}}\right]+\frac{\partial}{\partial y_{\mathrm{D}}}\left[\mathrm{e}^{-\gamma_{1\mathrm{D}}p_{1\mathrm{D}}}\frac{\partial p_{1\mathrm{D}}}{\partial y_{\mathrm{D}}}\right]+2\pi\delta\left(x_{\mathrm{D}}-a_{\mathrm{D}}\right)\delta\left(y_{\mathrm{D}}-b_{\mathrm{D}}\right)=\frac{\partial p_{1\mathrm{D}}}{\partial t_{\mathrm{D}}},\ x_{\mathrm{D}}\geqslant 0$$

$$(5.1.1)$$

$$\frac{\partial}{\partial x_{\mathrm{D}}}\left[\mathrm{e}^{-\gamma_{2\mathrm{D}}p_{2\mathrm{D}}}\frac{\partial p_{2\mathrm{D}}}{\partial x_{\mathrm{D}}}\right]+\frac{\partial}{\partial y_{\mathrm{D}}}\left[\mathrm{e}^{-\gamma_{2\mathrm{D}}p_{2\mathrm{D}}}\frac{\partial p_{2\mathrm{D}}}{\partial y_{\mathrm{D}}}\right]=\frac{1}{\eta_{\mathrm{D}}}\frac{\partial p_{2\mathrm{D}}}{\partial t_{\mathrm{D}}},\ x_{\mathrm{D}}<0 \qquad (5.1.2)$$

（2）初始条件：

$$\left.p_{1\mathrm{D}}\right|_{t_{\mathrm{D}}=0}=\left.p_{2\mathrm{D}}\right|_{t_{\mathrm{D}}=0}=0 \qquad (5.1.3)$$

（3）边界条件。x 方向外边界条件为：

$$\lim_{x_{\mathrm{D}}\to\infty}p_{1\mathrm{D}}=0 \qquad (5.1.4)$$

$$\lim_{x_{\mathrm{D}}\to-\infty}p_{2\mathrm{D}}=0 \qquad (5.1.5)$$

y 方向外边界条件为：

$$\left.\frac{\partial p_{1D}}{\partial y_D}\right|_{y_D=w_D} = \left.\frac{\partial p_{1D}}{\partial y_D}\right|_{y_D=0} = 0 \tag{5.1.6}$$

$$\left.\frac{\partial p_{2D}}{\partial y_D}\right|_{y_D=w_D} = \left.\frac{\partial p_{2D}}{\partial y_D}\right|_{y_D=0} = 0 \tag{5.1.7}$$

（4）连接条件。在不连续界面处，应该满足压力相等与流量相等条件：

$$p_{1D}\big|_{x_D=0} = p_{2D}\big|_{x_D=0} \tag{5.1.8}$$

$$\mathrm{e}^{-\gamma_{1D}p_{1D}}\left.\frac{\partial p_{1D}}{\partial x_D}\right|_{x_D=0} = \mathrm{e}^{-\gamma_{2D}p_{2D}}\,Mh_D\left.\frac{\partial p_{2D}}{\partial x_D}\right|_{x_D=0} \tag{5.1.9}$$

上述模型中涉及的无因次变量定义如下：

$$p_{jD} = \frac{\pi K_{10}h_1T_{sc}}{q_{sc}p_{sc}T}\left(\psi_i - \psi_j\right), \quad \gamma_{jD} = \frac{q_{sc}p_{sc}T}{\pi K_{10}h_1T_{sc}}\gamma_j, \quad j=1,2$$

$$p_{wfD} = \frac{\pi K_{10}h_1T_{sc}}{q_{sc}p_{sc}T}\left(\psi_i - \psi_{wf}\right), \quad t_D = \frac{K_{10}t}{\phi_1\mu_{1,i}C_{g1,i}r_w^2}$$

$$x_D = \frac{x}{r_w}, \quad y_D = \frac{y}{r_w}, \quad a_D = \frac{a}{r_w}, \quad b_D = \frac{b}{r_w}, \quad w_D = \frac{w}{r_w}$$

$$M = \frac{K_{20}}{K_{10}}, \quad h_D = \frac{h_2}{h_1}, \quad \eta_D = \frac{K_{20}/\left(\phi_2\mu_{2,i}C_{g2,i}\right)}{K_{10}/\left(\phi_1\mu_{1,i}C_{g1,i}\right)}$$

2. 单一介质压敏性两区线性复合气藏试井解释数学模型的求解

采用全隐式中心差分格式对建立的单一介质压敏性两区线性复合气藏不稳定试井解释模型进行求解。

1）试井解释数学模型的差分格式

对上述不稳定试井解释模型的数值求解属于二维差分问题，故在空间上需要对 x 和 y 两个方向进行差分。考虑到地层中压力的分布呈漏斗状，即在井底附近压力变化很快，故在 x 和 y 方向都采用点中心非均匀网格。井附近的网格较密，远离井的网格步长可以选取得较大一些，如图 5.1.1 所示。x 方向的离散节点总数为 N_x，各离散节点坐标为

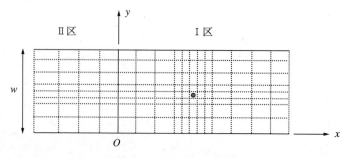

图 5.1.1　网格划分示意图

x_{Di} $(i=1, 2, \cdots, N_x)$，本章中模型假定储层在 x 方向无限延伸，在进行编程计算时，只需要把 N_x 取得很大即可；y 方向的离散节点总数为 N_y，各离散节点坐标为 y_{Dj} $(j=1, 2, \cdots, N_y)$。

对于 I 区渗流微分方程的差分，要分为两种情况：井点所在网格和不包含井点的网格。当网格系统中不包括井时，对 I 区渗流微分方程式（5.1.1）进行差分时，其中的 δ 函数项变为零。I 区渗流微分方程可写成如下差分形式：

$$\frac{2e^{-\gamma_{1D}p^k_{1D(i+1/2,j)}}}{\left(x_{Di+1}-x_{Di-1}\right)\left(x_{Di+1}-x_{Di}\right)}p^{k+1}_{1D(i+1,j)}-\left[\frac{2e^{-\gamma_{1D}p^k_{1D(i+1/2,j)}}}{\left(x_{Di+1}-x_{Di-1}\right)\left(x_{Di+1}-x_{Di}\right)}+\frac{2e^{-\gamma_{1D}p^k_{1D(i-1/2,j)}}}{\left(x_{Di+1}-x_{Di-1}\right)\left(x_{Di}-x_{Di-1}\right)}\right.$$
$$\left.+\frac{2e^{-\gamma_{1D}p^k_{1D(i,j+1/2)}}}{\left(y_{Dj+1}-y_{Dj-1}\right)\left(y_{Dj+1}-y_{Dj}\right)}+\frac{2e^{-\gamma_{1D}p^k_{1D(i,j-1/2)}}}{\left(y_{Dj+1}-y_{Dj-1}\right)\left(y_{Dj}-y_{Dj-1}\right)}+\frac{1}{t^{k+1}_D-t^k_D}\right]p^{k+1}_{1D(i,j)}$$
$$+\frac{2e^{-\gamma_{1D}p^k_{1D(i-1/2,j)}}}{\left(x_{Di+1}-x_{Di-1}\right)\left(x_{Di}-x_{Di-1}\right)}p^{k+1}_{1D(i-1,j)}+\frac{2e^{-\gamma_{1D}p^k_{1D(i,j+1/2)}}}{\left(y_{Dj+1}-y_{Dj-1}\right)\left(y_{Dj+1}-y_{Dj}\right)}p^{k+1}_{1D(i,j+1)}$$
$$+\frac{2e^{-\gamma_{1D}p^k_{1D(i,j-1/2)}}}{\left(y_{Dj+1}-y_{Dj-1}\right)\left(y_{Dj}-y_{Dj-1}\right)}p^{k+1}_{1D(i,j-1)}=-\frac{p^k_{1D(i,j)}}{t^{k+1}_D-t^k_D} \tag{5.1.10}$$

对于有井点存在的网格块，其渗流微分方程中应该包含代表生产井的源汇项的影响，其差分形式可写为：

$$\frac{2e^{-\gamma_{1D}p^k_{1D(i+1/2,j)}}}{\left(x_{Di+1}-x_{Di-1}\right)\left(x_{Di+1}-x_{Di}\right)}p^{k+1}_{1D(i+1,j)}-\left[\frac{2e^{-\gamma_{1D}p^k_{1D(i+1/2,j)}}}{\left(x_{Di+1}-x_{Di-1}\right)\left(x_{Di+1}-x_{Di}\right)}+\frac{2e^{-\gamma_{1D}p^k_{1D(i-1/2,j)}}}{\left(x_{Di+1}-x_{Di-1}\right)\left(x_{Di}-x_{Di-1}\right)}\right.$$
$$\left.+\frac{2e^{-\gamma_{1D}p^k_{1D(i,j+1/2)}}}{\left(y_{Dj+1}-y_{Dj-1}\right)\left(y_{Dj+1}-y_{Dj}\right)}+\frac{2e^{-\gamma_{1D}p^k_{1D(i,j-1/2)}}}{\left(y_{Dj+1}-y_{Dj-1}\right)\left(y_{Dj}-y_{Dj-1}\right)}+\frac{1}{t^{k+1}_D-t^k_D}\right]p^{k+1}_{1D(i,j)}$$
$$+\frac{2e^{-\gamma_{1D}p^k_{1D(i-1/2,j)}}}{\left(x_{Di+1}-x_{Di-1}\right)\left(x_{Di}-x_{Di-1}\right)}p^{k+1}_{1D(i-1,j)}+\frac{2e^{-\gamma_{1D}p^k_{1D(i,j+1/2)}}}{\left(y_{Dj+1}-y_{Dj-1}\right)\left(y_{Dj+1}-y_{Dj}\right)}p^{k+1}_{1D(i,j+1)}$$
$$+\frac{2e^{-\gamma_{1D}p^k_{1D(i,j-1/2)}}}{\left(y_{Dj+1}-y_{Dj-1}\right)\left(y_{Dj}-y_{Dj-1}\right)}p^{k+1}_{1D(i,j-1)}=-\frac{p^k_{1D(i,j)}}{t^{k+1}_D-t^k_D}-\frac{8\pi}{\left(x_{Di+1}-x_{Di-1}\right)\left(y_{Dj+1}-y_{Dj-1}\right)} \tag{5.1.11}$$

对比式（5.1.10）与式（5.1.11）可知，式（5.1.11）只比式（5.1.10）的右端多了一项，多的这一项正是代表由于井的存在所引起的网格块内的气体质量变化。

II 区由于不含有井，其渗流微分方程的差分形式可统一写为：

$$\frac{2e^{-\gamma_{2D}p^k_{2D(i+1/2,j)}}}{\left(x_{Di+1}-x_{Di-1}\right)\left(x_{Di+1}-x_{Di}\right)}p^{k+1}_{2D(i+1,j)}-\left[\frac{2e^{-\gamma_{2D}p^k_{2D(i+1/2,j)}}}{\left(x_{Di+1}-x_{Di-1}\right)\left(x_{Di+1}-x_{Di}\right)}+\frac{2e^{-\gamma_{2D}p^k_{2D(i-1/2,j)}}}{\left(x_{Di+1}-x_{Di-1}\right)\left(x_{Di}-x_{Di-1}\right)}\right.$$
$$\left.+\frac{2e^{-\gamma_{2D}p^k_{2D(i,j+1/2)}}}{\left(y_{Dj+1}-y_{Dj-1}\right)\left(y_{Dj+1}-y_{Dj}\right)}+\frac{2e^{-\gamma_{2D}p^k_{2D(i,j-1/2)}}}{\left(y_{Dj+1}-y_{Dj-1}\right)\left(y_{Dj}-y_{Dj-1}\right)}+\frac{1}{\eta_D\left(t^{k+1}_D-t^k_D\right)}\right]p^{k+1}_{2D(i,j)}$$
$$+\frac{2e^{-\gamma_{2D}p^k_{2D(i-1/2,j)}}}{\left(x_{Di+1}-x_{Di-1}\right)\left(x_{Di}-x_{Di-1}\right)}p^{k+1}_{2D(i-1,j)}+\frac{2e^{-\gamma_{2D}p^k_{2D(i,j+1/2)}}}{\left(y_{Dj+1}-y_{Dj-1}\right)\left(y_{Dj+1}-y_{Dj}\right)}p^{k+1}_{2D(i,j+1)}$$
$$+\frac{2e^{-\gamma_{2D}p^k_{2Di,j-1/2}}}{\left(y_{Dj+1}-y_{Dj-1}\right)\left(y_{Dj}-y_{Dj-1}\right)}p^{k+1}_{2D(i,j-1)}=-\frac{1}{\eta_D\left(t^{k+1}_D-t^k_D\right)}p^k_{2D(i,j)} \tag{5.1.12}$$

初始条件的差分格式为：

$$p^0_{1D(i,\,j)}=0 \tag{5.1.13}$$

$$p^0_{2D(i,\,j)}=0 \tag{5.1.14}$$

对 x 方向外边界条件进行差分，此时 $i=1$ 和 N_x，其最终差分格式为：

$$p^{k+1}_{1D(N_x,j)} = 0 \tag{5.1.15}$$

$$p^{k+1}_{2D(1,j)} = 0 \tag{5.1.16}$$

y 方向外边界条件的差分格式为：

$$p^{k+1}_{1D(i,2)} - p^{k+1}_{1D(i,1)} = 0 \tag{5.1.17}$$

$$p^{k+1}_{2D(i,2)} - p^{k+1}_{2D(i,1)} = 0 \tag{5.1.18}$$

$$p^{k+1}_{1D(i,N_y)} - p^{k+1}_{1D(i,N_y-1)} = 0 \tag{5.1.19}$$

$$p^{k+1}_{2D(i,N_y)} - p^{k+1}_{2D(i,N_y-1)} = 0 \tag{5.1.20}$$

对不连续界面处的连续条件进行差分，可得到：

$$\frac{Mh_D \mathrm{e}^{-\gamma_{2D} p^k_{2D(i-1/2,j)}}}{x_{Di} - x_{Di-1}} p^{k+1}_{2D(i-1,j)} - \left[\frac{\mathrm{e}^{-\gamma_{1D} p^k_{1D(i+1/2,j)}}}{x_{Di+1} - x_{Di}} + \frac{Mh_D \mathrm{e}^{-\gamma_{2D} p^k_{2D(i-1/2,j)}}}{x_{Di} - x_{Di-1}} \right] p^{k+1}_{1D(i,j)} + \frac{\mathrm{e}^{-\gamma_{1D} p^k_{1D(i+1/2,j)}}}{x_{Di+1} - x_{Di}} p^{k+1}_{1D(i+1,j)} = 0 \tag{5.1.21}$$

$$p^k_{lD(i+1/2,j)} = \frac{p^k_{lD(i,j)} + p^k_{lD(i+1,j)}}{2}$$

$$p^k_{lD(i-1/2,j)} = \frac{p^k_{lD(i,j)} + p^k_{lD(i-1,j)}}{2}$$

$$p^k_{lD(i,j+1/2)} = \frac{p^k_{lD(i,j)} + p^k_{lD(i,j+1)}}{2}$$

$$p^k_{lD(i,j-1/2)} = \frac{p^k_{lD(i,j)} + p^k_{lD(i,j-1)}}{2}, \quad l = 1,2$$

式中　i，j——x，y 方向空间位置，$i=1$，2，$\cdots$，N_x，$j=1$，2，$\cdots$，N_y；

x_{Di}，y_{Dj}——离散节点节点位置，无因次；

N_x，N_y——x 方向和 y 方向离散节点总数。

观察式（5.1.10）至式（5.1.21）可以看出，对于某一给定的时刻 k，上述差分方程组为五对角线性方程组，方程组的系数矩阵为带状稀疏矩阵。求解该线性方程组，即可得到 $k+1$ 时刻地层中的压力分布。

2）试井解释差分模型的求解

对于第四章中研究的压敏性径向复合气藏模型，由于径向渗流属于一维问题，最终差分形成的线性方程组均为三对角线性方程组，可采用直接解法——三对角追赶法进行求解，如果不考虑编程计算时可能产生的舍入误差，则该方法是一种精确求解的方法，它可以一次求得线性方程组的解，且求解速度很快。

对于本节所研究的压敏性线性复合气藏模型，它属于空间上的二维不稳定渗流问题，差分后线性方程组的系数矩阵阶数有可能很大。如果采用直接解法进行求解，不仅计算时间长，而且有可能由于计算过程中产生的舍入误差，会影响到最终的结果。

从前面推导得到的差分方程组及其系数矩阵的结构来看，差分所形成的线性方程组系数矩阵的大部分元素都为零，即形成的系数矩阵为稀疏矩阵；而且系数矩阵中的非零元素有规律地以对角线的形式分布在主对角线上及其两侧，呈带状排列，形成所谓的带状系数矩阵。第四章中压敏径向复合气藏模型差分后所形成的三对角系数矩阵也是带状矩阵的一种。

对于系数矩阵为大型系数矩阵的高阶线性方程组，可以采用迭代法进行求解。迭代法是一种逐次逼近的方法，其运算比较简单，每进行一次迭代，只是重复一定的计算步骤，因而便于编程实现。在迭代计算的过程中，即使某一迭代步的计算出现了误差，这个误差也可以在后续迭代的过程中通过一定的算法进行校正，从而不至于影响最终的计算结果。

本书采用 Orthomin 方法编程对压敏性线性复合气藏模型差分后所形成的线性代数方程组进行迭代求解。关于 Orthomin 方法在很多文献及著作中都有详细论述，此处仅对其作简单介绍。

利用 Orthomin 迭代方法对线性方程组 $AX=B$ 进行求解，可分为如下几步：

（1）首先给定迭代初值 $X^{(1)}$。

（2）代入余量方程 $A\delta X=R$，求出余量方程的右端项 $R^{(1)}=B-AX^{(1)}$。

（3）为保证每进行一次迭代余量就减小一次，即迭代沿最优方向进行，特构造如下一组向量：$AQ^{(1)}$，$AQ^{(2)}$，$\cdots$，$AQ^{(n)}$，利用该组向量来确定第 n 次迭代的最优方向：

$$AQ^{(n)} = AR^{(n)} - \sum_{j=1}^{n-1} \alpha_j^{(n)} AQ^{(j)} \tag{5.1.22}$$

$$Q^{(n)} = R^{(n)} - \sum_{j=1}^{n-1} \alpha_j^{(n)} Q^{(j)} \tag{5.1.23}$$

式中，$\alpha_j^{(n)} = \dfrac{\left(AR^{(n)},\ AQ^{(j)}\right)}{\left(AQ^{(j)},\ AQ^{(j)}\right)}$，$j=1$，$2$，$\cdots$，$n-1$。

（4）在最佳寻优方向上找出最小点，即找到能使范数 $\left\|R^{(n)}\right\|_2$ 达到最小的点，使用最小二乘方法和求极值的条件，可得到极小化参数的表达式如下：

$$\beta_n = \dfrac{\left(R^{(n)}, AQ^{(n)}\right)}{\left(AQ^{(n)}, AQ^{(n)}\right)} \tag{5.1.24}$$

（5）利用极小化参数求新解 $X^{(n)} = X^{(n-1)} + \beta_{n-1} Q^{(n-1)}$。

（6）利用极小化参数求第 n 步迭代余量 $R^{(n)} = R^{(n-1)} - \beta_{n-1} A Q^{(n-1)}$，并判断其是否满足精度要求。若满足要求，则停止迭代；否则，重复步骤（2）～（6）。

利用上述 Orthomin 算法编程对上述差分线性方程组进行迭代求解，最终可求得在 $k+1$ 时刻各离散节点处的压力分布。

3）井底压力动态求取

需要注意的是，由于气井的半径很小，通常只有 0.1m 左右，如果要用网格来逼近井的边界，则网格步长需要取得极小，则离散网格总数会变得很大。而差分形成的线性方程组系数矩阵的阶数等于离散网格总数，求解如此高阶的线性方程组会给计算带来很大的困难，有时甚至是不可实现的。因此，考虑实际计算的可能性应将网格步长选得稍微大一点。这样一来，由于井的半径与网格尺寸相差很大，求解差分后的线性方程组所得到的网格块节点压力与井底流压是不同的。为了得到井底流压的动态变化曲线，就必须建立起将井所在网格块压力同井底流压联系起来的表达式。

实践表明，在井周围一定范围的区域内，例如在井点所在的网格块内，气体的流动可以近似认为是沿径向进行的稳态流或拟稳态流，并且可以近似地将节点压力认为是等效外边界半径 r_{eq} 处的压力。因此，根据稳态径向流公式，并考虑到渗透率应力敏感，可得到：

$$e^{-\gamma_{1D} p_{1D(i,j)}} - e^{-\gamma_{1D} p_{wfD}} = \gamma_{1D} \ln \frac{r_{eq}}{r_w} \tag{5.1.25}$$

式中 r_{eq}——等效网格块边界半径，在矩形网格系统中，$r_{eq} = 0.14 \sqrt{\Delta x^2 + \Delta y^2}$。

考虑到井储和表皮效应的影响，式（5.1.25）可变为：

$$\frac{e^{-\gamma_{1D} p_{1D(i,j)}} - e^{-\gamma_{1D} p_{wfD}}}{\ln r_{eqD} + S} = \gamma_{1D} \left(1 - C_D \frac{dp_{wfD}}{dt_D} \right) \tag{5.1.26}$$

式中 $r_{eqD} = \dfrac{r_{eq}}{r_w}$，$p_{1D(i,j)}$ 是井点所在网格节点的压力。

对式（5.1.26）进行差分，可得到：

$$C_D \frac{p_{wfD}^{k+1} - p_{wfD}^{k}}{t_D^{k+1} - t_D^{k}} + \frac{e^{-\gamma_{1D} p_{1D(i,j)}^{k+1}} - e^{-\gamma_{1D} p_{wfD}^{k+1}}}{\gamma_{1D} \left(\ln r_{eqD} + S \right)} = 1 \tag{5.1.27}$$

当利用 Orthomin 方法编程求解线性方程组得到 $k+1$ 时刻井点所在网格节点的压力 $p_{1D(i,j)}$ 后，再结合式（5.1.27），利用牛顿迭代法即可求得 $k+1$ 时刻的井底流压值。

三、单一介质压敏性两区线性复合气藏典型曲线特征分析

与第三章第一节相比，本节推导的模型中多了描述渗透率应力敏感程度的参数 γ_{1D} 和 γ_{2D}，其他参数对典型曲线特征的影响与第三章第一节相同，故此处只讨论无因次渗透率模量 γ_{1D} 和 γ_{2D} 对典型曲线形态的影响。

图 5.1.2 至图 5.1.5 是当 Ⅰ 区和 Ⅱ 区渗透率模量相等时（$\gamma_{1D} = \gamma_{2D}$），压敏性线性复合气藏井底压力动态的变化曲线。从图中可以看出，由于渗透率应力敏感的影响，压力导数曲线从井储流动阶段晚期就开始上翘，反映出由于应力敏感的存在，流体在地层中流动消耗的压降增大。此外，反映 Ⅰ 区径向流的压力导数曲线也不再为水平线，而是表现出上翘的

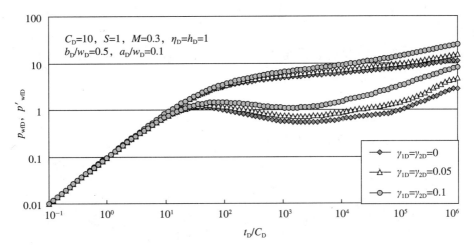

图 5.1.2 渗透率模量对典型曲线的影响——Ⅱ区物性变差（$\gamma_{1D}=\gamma_{2D}$，$a_D < b_D$）

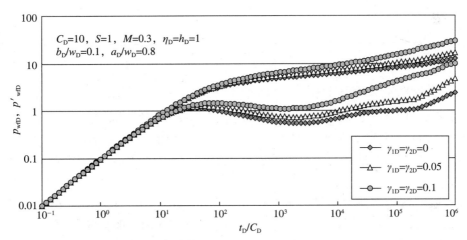

图 5.1.3 渗透率模量对典型曲线的影响——Ⅱ区物性变差（$\gamma_{1D}=\gamma_{2D}$，$a_D > b_D$）

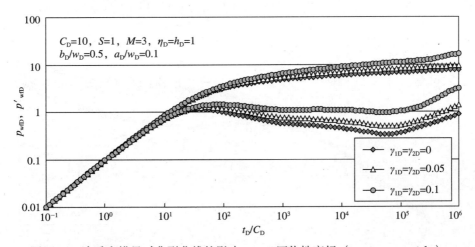

图 5.1.4 渗透率模量对典型曲线的影响——Ⅱ区物性变好（$\gamma_{1D}=\gamma_{2D}$，$a_D < b_D$）

趋势，上翘程度取决于相应的渗透率模量 γ_{1D} 的大小，渗透率模量越大，曲线整体的上翘程度越明显，反之亦然。当渗透率模量较大时，由于渗透率应力敏感性的影响，压力导数曲线整体上翘，某些流动阶段在典型曲线上有可能体现不出来。另外值得注意的一点是，由于应力敏感性的存在，晚期总系统线性流阶段的压力及压力导数曲线也发生上翘，当 γ_{1D} 和 γ_{2D} 较大时，晚期压力及压力导数曲线甚至有可能相交（如图 5.1.5 中 $\gamma_{1D}=\gamma_{2D}=0.1$ 的情况）。

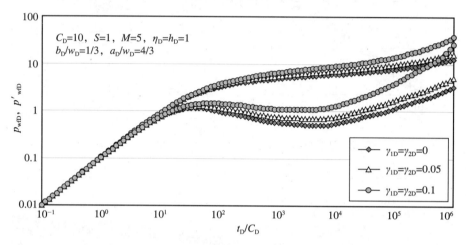

图 5.1.5　渗透率模量对典型曲线的影响——Ⅱ区物性变好（$\gamma_{1D}=\gamma_{2D}$，$a_D > b_D$）

图 5.1.6 至图 5.1.9 是当Ⅰ区和Ⅱ区渗透率模量不相等时（$\gamma_{1D} \neq \gamma_{2D}$），压敏性线性复合气藏井底压力动态的变化曲线。从图中可以看出，与不存在应力敏感情况相比（$\gamma_{1D}=\gamma_{2D}=0$），当Ⅰ区渗透率模量不为零而Ⅱ区渗透率模量为零时，如图 5.1.6 至图 5.1.9 中的 $\gamma_{1D}=0.1$ 且 $\gamma_{2D}=0$，无因次压力及压力导数曲线出现了明显的上翘。但当Ⅰ区渗透率模量为零时，即使Ⅱ区渗透率模量取较大值，如图 5.1.6 至图 5.1.9 中的 $\gamma_{1D}=0$ 且 $\gamma_{2D}=0.1$，当无因次时间较小时，基本看不出应力敏感的影响；只有当无因次时间较大时，无因次压力及压力导数曲线才表现出小幅度的上翘，即Ⅰ区（近井地带）的应力敏感性对无因次压力及压力导数的影响更大，而Ⅱ区的应力敏感性对无因次压力及压力导数的影响则较小。这主

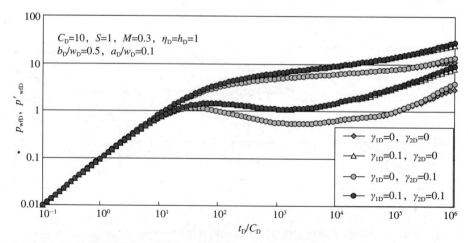

图 5.1.6　渗透率模量对典型曲线的影响——Ⅱ区物性变差（$\gamma_{1D} \neq \gamma_{2D}$，$a_D < b_D$）

要是因为地层中存在压降漏斗，压降主要集中在近井地带，近井地带的应力敏感性使气体流动产生的压降更大，反映在典型曲线上即是无因次压力及压力导数曲线的位置更高。

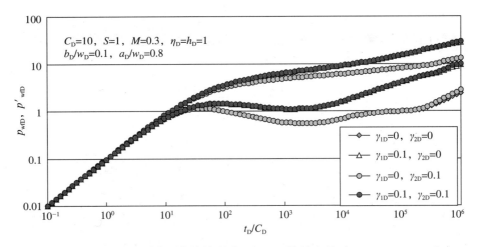

图 5.1.7　渗透率模量对典型曲线的影响——Ⅱ区物性变差（$\gamma_{1D} \neq \gamma_{2D}$，$a_D > b_D$）

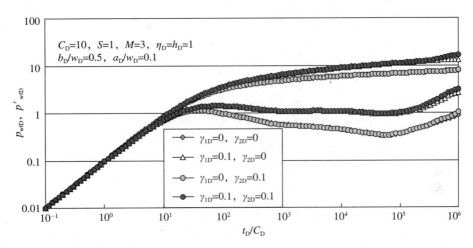

图 5.1.8　渗透率模量对典型曲线的影响——Ⅱ区物性变好（$\gamma_{1D} \neq \gamma_{2D}$，$a_D < b_D$）

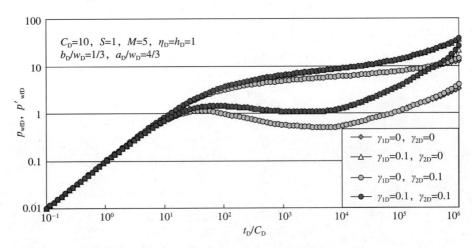

图 5.1.9　渗透率模量对典型曲线的影响——Ⅱ区物性变好（$\gamma_{1D} \neq \gamma_{2D}$，$a_D > b_D$）

第二节　单一介质压敏性三区线性复合气藏试井理论

一、单一介质压敏性三区线性复合气藏渗流物理模型和假设

考虑一顶底封闭且在平面上具有平行不渗透边界的条带状地层，气藏中具有物性不同的三个区域，井位于中间区域。三个区域均存在应力敏感性，储层渗透率随地层压力的变化关系可用指数式模型描述，各区的应力敏感系数可不相同。其余假设条件以及气藏示意图同第三章第二节。

二、单一介质压敏性三区线性复合气藏试井解释数学模型及求解

1. 单一介质压敏性三区线性复合气藏试井解释数学模型

依据上述渗流物理模型和图 3.2.1，以渗流力学理论为基础，即可推导得到如下考虑储层渗透率应力敏感影响的三区不等厚线性复合气藏无因次试井解释数学模型。

（1）渗流微分方程。将井视为定产量线源考虑到井所在的 I 区储层渗流微分方程中，可得到：

$$\frac{\partial}{\partial x_{\mathrm{D}}}\left[\mathrm{e}^{-\gamma_{1\mathrm{D}}p_{1\mathrm{D}}}\frac{\partial p_{1\mathrm{D}}}{\partial x_{\mathrm{D}}}\right]+\frac{\partial}{\partial y_{\mathrm{D}}}\left[\mathrm{e}^{-\gamma_{1\mathrm{D}}p_{1\mathrm{D}}}\frac{\partial p_{1\mathrm{D}}}{\partial y_{\mathrm{D}}}\right]+2\pi\delta(x_{\mathrm{D}}-a_{\mathrm{D}})\delta(y_{\mathrm{D}}-b_{\mathrm{D}})=\frac{\partial p_{1\mathrm{D}}}{\partial t_{\mathrm{D}}}\ ,\ 0\leqslant x_{\mathrm{D}}\leqslant L_{\mathrm{D}}$$

$$(5.2.1)$$

II 区和 III 区由于没有源汇项的存在，其无因次渗流微分方程可分别写为：

$$\frac{\partial}{\partial x_{\mathrm{D}}}\left[\mathrm{e}^{-\gamma_{2\mathrm{D}}p_{2\mathrm{D}}}\frac{\partial p_{2\mathrm{D}}}{\partial x_{\mathrm{D}}}\right]+\frac{\partial}{\partial y_{\mathrm{D}}}\left[\mathrm{e}^{-\gamma_{2\mathrm{D}}p_{2\mathrm{D}}}\frac{\partial p_{2\mathrm{D}}}{\partial y_{\mathrm{D}}}\right]=\frac{1}{\eta_{21}}\frac{\partial p_{2\mathrm{D}}}{\partial t_{\mathrm{D}}}\ ,\ x_{\mathrm{D}}<0 \qquad (5.2.2)$$

$$\frac{\partial}{\partial x_{\mathrm{D}}}\left[\mathrm{e}^{-\gamma_{3\mathrm{D}}p_{3\mathrm{D}}}\frac{\partial p_{3\mathrm{D}}}{\partial x_{\mathrm{D}}}\right]+\frac{\partial}{\partial y_{\mathrm{D}}}\left[\mathrm{e}^{-\gamma_{3\mathrm{D}}p_{3\mathrm{D}}}\frac{\partial p_{3\mathrm{D}}}{\partial y_{\mathrm{D}}}\right]=\frac{1}{\eta_{31}}\frac{\partial p_{3\mathrm{D}}}{\partial t_{\mathrm{D}}}\ ,\ x_{\mathrm{D}}>L_{\mathrm{D}} \qquad (5.2.3)$$

（2）初始条件：

$$p_{1\mathrm{D}}\big|_{t_{\mathrm{D}}=0}=p_{2\mathrm{D}}\big|_{t_{\mathrm{D}}=0}=p_{3\mathrm{D}}\big|_{t_{\mathrm{D}}=0}=0 \qquad (5.2.4)$$

（3）边界条件。x 方向外边界条件为：

$$\lim_{x_{\mathrm{D}}\to-\infty}p_{2\mathrm{D}}=0 \qquad (5.2.5)$$

$$\lim_{x_{\mathrm{D}}\to\infty}p_{3\mathrm{D}}=0 \qquad (5.2.6)$$

y 方向外边界条件为：

$$\left.\frac{\partial p_{1\mathrm{D}}}{\partial y_{\mathrm{D}}}\right|_{y_{\mathrm{D}}=w_{\mathrm{D}}}=\left.\frac{\partial p_{1\mathrm{D}}}{\partial y_{\mathrm{D}}}\right|_{y_{\mathrm{D}}=0}=0 \qquad (5.2.7)$$

$$\left.\frac{\partial p_{2\mathrm{D}}}{\partial y_{\mathrm{D}}}\right|_{y_{\mathrm{D}}=w_{\mathrm{D}}}=\left.\frac{\partial p_{2\mathrm{D}}}{\partial y_{\mathrm{D}}}\right|_{y_{\mathrm{D}}=0}=0 \qquad (5.2.8)$$

$$\left. \frac{\partial p_{3D}}{\partial y_D} \right|_{y_D=w_D} = \left. \frac{\partial p_{3D}}{\partial y_D} \right|_{y_D=0} = 0 \tag{5.2.9}$$

（4）连接条件。在两个不连续界面处，都应该满足压力相等与流量相等条件。

不连续界面处压力相等：

$$\left. p_{1D} \right|_{x_D=0} = \left. p_{2D} \right|_{x_D=0} \tag{5.2.10}$$

$$\left. p_{1D} \right|_{x_D=L_D} = \left. p_{3D} \right|_{x_D=L_D} \tag{5.2.11}$$

不连续界面处流量相等：

$$\left. \mathrm{e}^{-\gamma_{1D}p_{1D}} \frac{\partial p_{1D}}{\partial x_D} \right|_{x_D=0} = \left. \mathrm{e}^{-\gamma_{2D}p_{2D}} M_{21} h_{21} \frac{\partial p_{2D}}{\partial x_D} \right|_{x_D=0} \tag{5.2.12}$$

$$\left. \mathrm{e}^{-\gamma_{1D}p_{1D}} \frac{\partial p_{1D}}{\partial x_D} \right|_{x_D=L_D} = \left. \mathrm{e}^{-\gamma_{3D}p_{3D}} M_{31} h_{31} \frac{\partial p_{3D}}{\partial x_D} \right|_{x_D=L_D} \tag{5.2.13}$$

上述模型中涉及的无因次变量定义如下：

$$p_{jD} = \frac{\pi K_{10} h_1 T_{sc}}{q_{sc} p_{sc} T} (\psi_i - \psi_j), \quad \gamma_{jD} = \frac{q_{sc} p_{sc} T}{\pi K_{10} h_1 T_{sc}} \gamma_j, \quad j=1,2,3$$

$$p_{wfD} = \frac{\pi K_{10} h_1 T_{sc}}{q_{sc} p_{sc} T} (\psi_i - \psi_{wf}), \quad t_D = \frac{K_{10} t}{\phi_1 \mu_{1,i} C_{g1,i} r_w^2}$$

$$x_D = \frac{x}{r_w}, \quad y_D = \frac{y}{r_w}, \quad a_D = \frac{a}{r_w}, \quad b_D = \frac{b}{r_w}, \quad w_D = \frac{w}{r_w}$$

$$M_{21} = \frac{K_{20}}{K_{10}}, \quad M_{31} = \frac{K_{30}}{K_{10}}, \quad h_{21} = \frac{h_2}{h_1}, \quad h_{31} = \frac{h_3}{h_1}$$

$$\eta_{21} = \frac{K_{20}/(\phi_2 \mu_{2,i} C_{g2,i})}{K_{10}/(\phi_1 \mu_{1,i} C_{g1,i})}, \quad \eta_{31} = \frac{K_{30}/(\phi_3 \mu_{3,i} C_{g3,i})}{K_{10}/(\phi_1 \mu_{1,i} C_{g1,i})}$$

2．单一介质压敏性三区线性复合气藏试井解释数学模型的求解

采用全隐式中心差分格式对建立的单一介质压敏性三区线性复合气藏不稳定试井解释模型进行求解。在 x 和 y 方向都采用点中心非均匀网格，井附近的网格较密，远离井的网格步长可以选取得较大一些，如图 5.2.1 所示。x 方向的离散节点总数为 N_x，各离散节点坐标为 x_{Di}（$i=1$，2，$\cdots$，N_x），本章中模型假定储层在 x 方向无限延伸，在进行编程计算时，只需要把 N_x 取得很大即可；y 方向的离散节点总数为 N_y，各离散节点坐标为 y_{Dj}（$j=1$，2，$\cdots$，N_y）。

对于 I 区渗流微分方程的差分，要分为两种情况：井点所在网格和不包含井点的网格。当网格系统中不包括井时，式（5.2.1）中以 δ 函数所表示的源汇项变为零，差分后的 I 区渗流微分方程可写成如下形式：

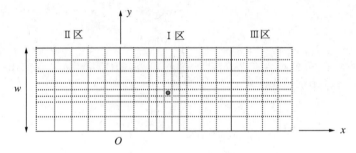

图 5.2.1　网格划分示意图

$$\frac{2e^{-\gamma_{1D}p_{1D(i+1/2,j)}^{k}}}{\left(x_{Di+1}-x_{Di-1}\right)\left(x_{Di+1}-x_{Di}\right)}p_{1D(i+1,j)}^{k+1}-\left[\frac{2e^{-\gamma_{1D}p_{1D(i+1/2,j)}^{k}}}{\left(x_{Di+1}-x_{Di-1}\right)\left(x_{Di+1}-x_{Di}\right)}+\frac{2e^{-\gamma_{1D}p_{1D(i-1/2,j)}^{k}}}{\left(x_{Di+1}-x_{Di-1}\right)\left(x_{Di}-x_{Di-1}\right)}\right.$$

$$+\frac{2e^{-\gamma_{1D}p_{1D(i,j+1/2)}^{k}}}{\left(y_{Dj+1}-y_{Dj-1}\right)\left(y_{Dj+1}-y_{Dj}\right)}+\frac{2e^{-\gamma_{1D}p_{1D(i,j-1/2)}^{k}}}{\left(y_{Dj+1}-y_{Dj-1}\right)\left(y_{Dj}-y_{Dj-1}\right)}+\frac{1}{t_{D}^{k+1}-t_{D}^{k}}\Biggr]p_{1D(i,j)}^{k+1}$$

$$+\frac{2e^{-\gamma_{1D}p_{1D(i-1/2,j)}^{k}}}{\left(x_{Di+1}-x_{Di-1}\right)\left(x_{Di}-x_{Di-1}\right)}p_{1D(i-1,j)}^{k+1}+\frac{2e^{-\gamma_{1D}p_{1D(i,j+1/2)}^{k}}}{\left(y_{Dj+1}-y_{Dj-1}\right)\left(y_{Dj+1}-y_{Dj}\right)}p_{1D(i,j+1)}^{k+1}$$

$$+\frac{2e^{-\gamma_{1D}p_{1D(i,j-1/2)}^{k}}}{\left(y_{Dj+1}-y_{Dj-1}\right)\left(y_{Dj}-y_{Dj-1}\right)}p_{1D(i,j-1)}^{k+1}=-\frac{1}{t_{D}^{k+1}-t_{D}^{k}}p_{1D(i,j)}^{k} \tag{5.2.14}$$

对于有井点存在的网格块，其渗流微分方程中应该包含代表生产井的源汇项的影响，其差分形式可写为：

$$\frac{2e^{-\gamma_{1D}p_{1D(i+1/2,j)}^{k}}}{\left(x_{Di+1}-x_{Di-1}\right)\left(x_{Di+1}-x_{Di}\right)}p_{1D(i+1,j)}^{k+1}-\left[\frac{2e^{-\gamma_{1D}p_{1D(i+1/2,j)}^{k}}}{\left(x_{Di+1}-x_{Di-1}\right)\left(x_{Di+1}-x_{Di}\right)}+\frac{2e^{-\gamma_{1D}p_{1D(i-1/2,j)}^{k}}}{\left(x_{Di+1}-x_{Di-1}\right)\left(x_{Di}-x_{Di-1}\right)}\right.$$

$$+\frac{2e^{-\gamma_{1D}p_{1D(i,j+1/2)}^{k}}}{\left(y_{Dj+1}-y_{Dj-1}\right)\left(y_{Dj+1}-y_{Dj}\right)}+\frac{2e^{-\gamma_{1D}p_{1D(i,j-1/2)}^{k}}}{\left(y_{Dj+1}-y_{Dj-1}\right)\left(y_{Dj}-y_{Dj-1}\right)}+\frac{1}{t_{D}^{k+1}-t_{D}^{k}}\Biggr]p_{1D(i,j)}^{k+1}$$

$$+\frac{2e^{-\gamma_{1D}p_{1D(i-1/2,j)}^{k}}}{\left(x_{Di+1}-x_{Di-1}\right)\left(x_{Di}-x_{Di-1}\right)}p_{1D(i-1,j)}^{k+1}+\frac{2e^{-\gamma_{1D}p_{1D(i,j+1/2)}^{k}}}{\left(y_{Dj+1}-y_{Dj-1}\right)\left(y_{Dj+1}-y_{Dj}\right)}p_{1D(i,j+1)}^{k+1}$$

$$+\frac{2e^{-\gamma_{1D}p_{1D(i,j-1/2)}^{k}}}{\left(y_{Dj+1}-y_{Dj-1}\right)\left(y_{Dj}-y_{Dj-1}\right)}p_{1D(i,j-1)}^{k+1}$$

$$=-\frac{1}{t_{D}^{k+1}-t_{D}^{k}}p_{1D(i,j)}^{k}-\frac{8\pi}{\left(x_{Di+1}-x_{Di-1}\right)\left(y_{Dj+1}-y_{Dj-1}\right)} \tag{5.2.15}$$

与式（5.2.14）对比，式（5.2.15）中右端中多出的第二项代表井的影响。

Ⅱ区、Ⅲ区的渗流微分方程差分形式可写为：

$$\frac{2\mathrm{e}^{-\gamma_{2\mathrm{D}}p_{2\mathrm{D}(i+1/2,j)}^{k}}}{\left(x_{\mathrm{D}i+1}-x_{\mathrm{D}i-1}\right)\left(x_{\mathrm{D}i+1}-x_{\mathrm{D}i}\right)}p_{2\mathrm{D}(i+1,j)}^{k+1}-\left[\frac{2\mathrm{e}^{-\gamma_{2\mathrm{D}}p_{2\mathrm{D}(i+1/2,j)}^{k}}}{\left(x_{\mathrm{D}i+1}-x_{\mathrm{D}i-1}\right)\left(x_{\mathrm{D}i+1}-x_{\mathrm{D}i}\right)}+\frac{2\mathrm{e}^{-\gamma_{2\mathrm{D}}p_{2\mathrm{D}(i-1/2,j)}^{k}}}{\left(x_{\mathrm{D}i+1}-x_{\mathrm{D}i-1}\right)\left(x_{\mathrm{D}i}-x_{\mathrm{D}i-1}\right)}\right.$$

$$\left.+\frac{2\mathrm{e}^{-\gamma_{2\mathrm{D}}p_{2\mathrm{D}(i,j+1/2)}^{k}}}{\left(y_{\mathrm{D}j+1}-y_{\mathrm{D}j-1}\right)\left(y_{\mathrm{D}j+1}-y_{\mathrm{D}j}\right)}+\frac{2\mathrm{e}^{-\gamma_{2\mathrm{D}}p_{2\mathrm{D}(i,j-1/2)}^{k}}}{\left(y_{\mathrm{D}j+1}-y_{\mathrm{D}j-1}\right)\left(y_{\mathrm{D}j}-y_{\mathrm{D}j-1}\right)}+\frac{1}{\eta_{21}\left(t_{\mathrm{D}}^{k+1}-t_{\mathrm{D}}^{k}\right)}\right]p_{2\mathrm{D}(i,j)}^{k+1}$$

$$+\frac{2\mathrm{e}^{-\gamma_{2\mathrm{D}}p_{2\mathrm{D}(i-1/2,j)}^{k}}}{\left(x_{\mathrm{D}i+1}-x_{\mathrm{D}i-1}\right)\left(x_{\mathrm{D}i}-x_{\mathrm{D}i-1}\right)}p_{2\mathrm{D}(i-1,j)}^{k+1}+\frac{2\mathrm{e}^{-\gamma_{2\mathrm{D}}p_{2\mathrm{D}(i,j+1/2)}^{k}}}{\left(y_{\mathrm{D}j+1}-y_{\mathrm{D}j-1}\right)\left(y_{\mathrm{D}j+1}-y_{\mathrm{D}j}\right)}p_{2\mathrm{D}(i,j+1)}^{k+1}$$

$$+\frac{2\mathrm{e}^{-\gamma_{2\mathrm{D}}p_{2\mathrm{D}(i,j-1/2)}^{k}}}{\left(y_{\mathrm{D}j+1}-y_{\mathrm{D}j-1}\right)\left(y_{\mathrm{D}j}-y_{\mathrm{D}j-1}\right)}p_{2\mathrm{D}(i,j-1)}^{k+1}=-\frac{1}{\eta_{21}\left(t_{\mathrm{D}}^{k+1}-t_{\mathrm{D}}^{k}\right)}p_{2\mathrm{D}(i,j)}^{k} \tag{5.2.16}$$

$$\frac{2\mathrm{e}^{-\gamma_{3\mathrm{D}}p_{3\mathrm{D}(i+1/2,j)}^{k}}}{\left(x_{\mathrm{D}i+1}-x_{\mathrm{D}i-1}\right)\left(x_{\mathrm{D}i+1}-x_{\mathrm{D}i}\right)}p_{3\mathrm{D}(i+1,j)}^{k+1}-\left[\frac{2\mathrm{e}^{-\gamma_{3\mathrm{D}}p_{3\mathrm{D}(i+1/2,j)}^{k}}}{\left(x_{\mathrm{D}i+1}-x_{\mathrm{D}i-1}\right)\left(x_{\mathrm{D}i+1}-x_{\mathrm{D}i}\right)}+\frac{2\mathrm{e}^{-\gamma_{3\mathrm{D}}p_{3\mathrm{D}(i-1/2,j)}^{k}}}{\left(x_{\mathrm{D}i+1}-x_{\mathrm{D}i-1}\right)\left(x_{\mathrm{D}i}-x_{\mathrm{D}i-1}\right)}\right.$$

$$\left.+\frac{2\mathrm{e}^{-\gamma_{3\mathrm{D}}p_{3\mathrm{D}(i,j+1/2)}^{k}}}{\left(y_{\mathrm{D}j+1}-y_{\mathrm{D}j-1}\right)\left(y_{\mathrm{D}j+1}-y_{\mathrm{D}j}\right)}+\frac{2\mathrm{e}^{-\gamma_{3\mathrm{D}}p_{3\mathrm{D}(i,j-1/2)}^{k}}}{\left(y_{\mathrm{D}j+1}-y_{\mathrm{D}j-1}\right)\left(y_{\mathrm{D}j}-y_{\mathrm{D}j-1}\right)}+\frac{1}{\eta_{31}\left(t_{\mathrm{D}}^{k+1}-t_{\mathrm{D}}^{k}\right)}\right]p_{3\mathrm{D}(i,j)}^{k+1}$$

$$+\frac{2\mathrm{e}^{-\gamma_{3\mathrm{D}}p_{3\mathrm{D}(i-1/2,j)}^{k}}}{\left(x_{\mathrm{D}i+1}-x_{\mathrm{D}i-1}\right)\left(x_{\mathrm{D}i}-x_{\mathrm{D}i-1}\right)}p_{3\mathrm{D}(i-1,j)}^{k+1}+\frac{2\mathrm{e}^{-\gamma_{3\mathrm{D}}p_{3\mathrm{D}(i,j+1/2)}^{k}}}{\left(y_{\mathrm{D}j+1}-y_{\mathrm{D}j-1}\right)\left(y_{\mathrm{D}j+1}-y_{\mathrm{D}j}\right)}p_{3\mathrm{D}(i,j+1)}^{k+1}$$

$$+\frac{2\mathrm{e}^{-\gamma_{3\mathrm{D}}p_{3\mathrm{D}(i,j-1/2)}^{k}}}{\left(y_{\mathrm{D}j+1}-y_{\mathrm{D}j-1}\right)\left(y_{\mathrm{D}j}-y_{\mathrm{D}j-1}\right)}p_{3\mathrm{D}(i,j-1)}^{k+1}=-\frac{1}{\eta_{31}\left(t_{\mathrm{D}}^{k+1}-t_{\mathrm{D}}^{k}\right)}p_{3\mathrm{D}(i,j)}^{k} \tag{5.2.17}$$

初始条件的差分格式为：

$$p_{1\mathrm{D}(i,j)}^{0}=0 \tag{5.2.18}$$

$$p_{2\mathrm{D}(i,j)}^{0}=0 \tag{5.2.19}$$

$$p_{3\mathrm{D}(i,j)}^{0}=0 \tag{5.2.20}$$

x 方向外边界条件的差分格式为：

$$p_{2\mathrm{D}(1,j)}^{k+1}=0 \tag{5.2.21}$$

$$p_{3\mathrm{D}(N_x,j)}^{k+1}=0 \tag{5.2.22}$$

y 方向外边界条件的差分格式为：

$$p_{1\mathrm{D}(i,2)}^{k+1}-p_{1\mathrm{D}(i,1)}^{k+1}=0 \tag{5.2.23}$$

$$p_{1\mathrm{D}(i,N_y)}^{k+1}-p_{1\mathrm{D}(i,N_y-1)}^{k+1}=0 \tag{5.2.24}$$

$$p_{2\mathrm{D}(i,2)}^{k+1}-p_{2\mathrm{D}(i,1)}^{k+1}=0 \tag{5.2.25}$$

$$p_{2\mathrm{D}(i,N_y)}^{k+1}-p_{2\mathrm{D}(i,N_y-1)}^{k+1}=0 \tag{5.2.26}$$

$$p_{3D(i,2)}^{k+1} - p_{3D(i,1)}^{k+1} = 0 \tag{5.2.27}$$

$$p_{3D(i,N_y)}^{k+1} - p_{3D(i,N_y-1)}^{k+1} = 0 \tag{5.2.28}$$

对 I 区、II 区间不连续界面处的连续条件进行差分，可得到：

$$\frac{e^{-\gamma_{1D} p_{1D(i+1/2,j)}^k}}{x_{Di+1} - x_{Di}} p_{1D(i+1,j)}^{k+1} - \left[\frac{e^{-\gamma_{1D} p_{1D(i+1/2,j)}^k}}{x_{Di+1} - x_{Di}} + \frac{M_{21} h_{21} e^{-\gamma_{2D} p_{2D(i-1/2,j)}^k}}{x_{Di} - x_{Di-1}} \right] p_{1D(i,j)}^{k+1}$$

$$+ \frac{M_{21} h_{21} e^{-\gamma_{2D} p_{2D(i-1/2,j)}^k}}{x_{Di} - x_{Di-1}} p_{2D(i-1,j)}^{k+1} = 0 \tag{5.2.29}$$

对 I 区、III 区间不连续界面处的连续条件进行差分，可得到：

$$\frac{M_{31} h_{31} e^{-\gamma_{3D} p_{3D(i+1/2,j)}^k}}{x_{Di+1} - x_{Di}} p_{3D(i+1,j)}^{k+1} - \left[\frac{M_{31} h_{31} e^{-\gamma_{3D} p_{3D(i+1/2,j)}^k}}{x_{Di+1} - x_{Di}} + \frac{e^{-\gamma_{1D} p_{1D(i-1/2,j)}^k}}{x_{Di} - x_{Di-1}} \right] p_{3D(i,j)}^{k+1}$$

$$+ \frac{e^{-\gamma_{1D} p_{1D(i-1/2,j)}^k}}{x_{Di} - x_{Di-1}} p_{1D(i-1,j)}^{k+1} = 0 \tag{5.2.30}$$

式中，$\quad p_{lD(i+1/2,j)}^k = \dfrac{p_{lD(i,j)}^k + p_{lD(i+1,j)}^k}{2}$ ；

$$p_{lD(i-1/2,j)}^k = \frac{p_{lD(i,j)}^k + p_{lD(i-1,j)}^k}{2} ；$$

$$p_{lD(i,j+1/2)}^k = \frac{p_{lD(i,j)}^k + p_{lD(i,j+1)}^k}{2} ；$$

$$p_{lD(i,j-1/2)}^k = \frac{p_{lD(i,j)}^k + p_{lD(i,j-1)}^k}{2}, \quad l = 1,2,3 。$$

从上述差分结果可看出，对于某一给定的时刻 k，式（5.2.14）至式（5.2.30）为一封闭的线性方程组，方程组的系数矩阵为五对角带状稀疏矩阵。利用 Orthomin 方法迭代求解该线性方程组，即可得到 $k+1$ 时刻地层中各离散节点的压力分布。

当求取得到各节点压力之后，采用类似于第一节中井底流压的求取方法，即可推导得到考虑系统应力敏感、井储和表皮效应影响的井底流压的计算式如下：

$$\frac{e^{-\gamma_{1D} p_{1D(i,j)}} - e^{-\gamma_{1D} p_{wfD}}}{\ln r_{eqD} + S} = \gamma_{1D} \left(1 - C_D \frac{dp_{wfD}}{dt_D} \right) \tag{5.2.31}$$

对式（5.2.31）进行差分，可得到：

$$C_D \frac{p_{wfD}^{k+1} - p_{wfD}^k}{t_D^{k+1} - t_D^k} + \frac{e^{-\gamma_{1D} p_{1D(i,j)}^{k+1}} - e^{-\gamma_{1D} p_{wfD}^{k+1}}}{\gamma_{1D} \left(\ln r_{eqD} + S \right)} = 1 \tag{5.2.32}$$

当利用 Orthomin 方法编程求解线性方程组得到 $k+1$ 时刻井点所在网格节点的压力 $p_{1D(i,j)}$ 后，再结合式（5.2.32），利用牛顿迭代法即可求得 $k+1$ 时刻的井底流压值。

三、单一介质压敏性三区线性复合气藏典型曲线特征分析

与第三章第二节相比，本节推导的模型中多了描述渗透率应力敏感程度的参数 γ_{1D}、γ_{2D} 和 γ_{3D}，其他参数对典型曲线特征的影响与第三章第二节相同，故此处只讨论无因次渗透率模量 γ_{1D}、γ_{2D} 和 γ_{3D} 对典型曲线形态的影响。

图 5.2.2 至图 5.2.4 是当 I 区、II 区和 III 区渗透率模量相等时（$\gamma_{1D}=\gamma_{2D}=\gamma_{3D}$），压敏性三区线性复合气藏井底压力动态的变化曲线。从图中可以看出，无论压力波是先传到平行断层边界，还是先传到区域交界面，由于渗透率应力敏感性的存在，压力及压力导数曲线从井储阶段末期就开始上翘，同时还使得晚期线性流阶段的压力导数曲线不再为 1/2 斜率直线，而是斜率大于 1/2 的上翘曲线，其上翘程度取决于渗透率模量的取值。当渗透率模量较大时，晚期压力及压力导数曲线上翘程度极其明显，甚至有可能相交（如图 5.2.2 中 $\gamma_{1D}=\gamma_{2D}=\gamma_{3D}=0.1$ 的情况）。

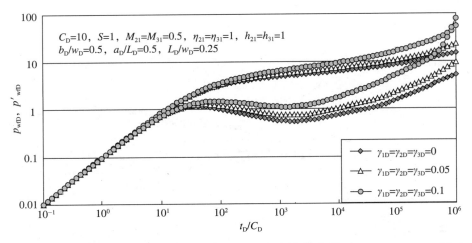

图 5.2.2 渗透率模量对典型曲线的影响——II、III区物性变差（$\gamma_{1D}=\gamma_{2D}=\gamma_{3D}$，$a_D < b_D$）

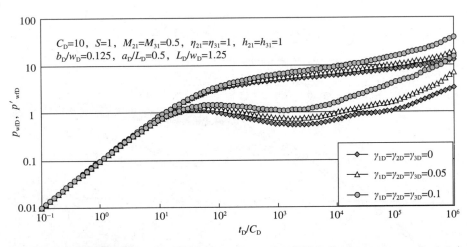

图 5.2.3 渗透率模量对典型曲线的影响——II、III区物性变差（$\gamma_{1D}=\gamma_{2D}=\gamma_{3D}$，$a_D > b_D$）

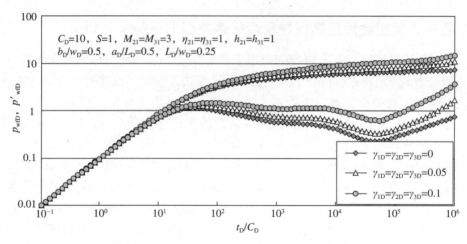

图 5.2.4　渗透率模量对典型曲线的影响——Ⅱ、Ⅲ区物性变好（$\gamma_{1D}=\gamma_{2D}=\gamma_{3D}$，$a_D < b_D$）

图 5.2.5 至图 5.2.7 是当井所在区域（Ⅰ区）和其他区域渗透率模量不相等时（$\gamma_{1D} \neq \gamma_{2D}=\gamma_{3D}$），压敏性三区线性复合气藏井底压力动态的变化曲线。从图中可以看出，与

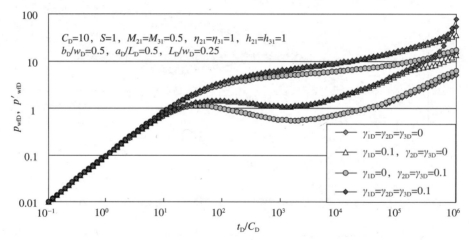

图 5.2.5　渗透率模量对典型曲线的影响——Ⅱ、Ⅲ区物性变差（$\gamma_{1D} \neq \gamma_{2D}=\gamma_{3D}$，$a_D < b_D$）

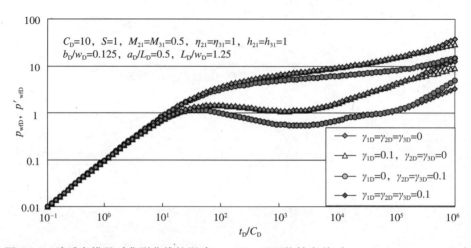

图 5.2.6　渗透率模量对典型曲线的影响——Ⅱ、Ⅲ区物性变差（$\gamma_{1D} \neq \gamma_{2D}=\gamma_{3D}$，$a_D > b_D$）

不存在应力敏感情况（$\gamma_{1D}=\gamma_{2D}=\gamma_{3D}=0$）相比，当Ⅰ区渗透率模量不为零而Ⅱ区和Ⅲ区渗透率模量为零时，如图5.2.5至图5.2.7中的$\gamma_{1D}=0.1$且$\gamma_{2D}=\gamma_{3D}=0$，无因次压力及压力导数曲线出现了明显的上翘。但当Ⅰ区渗透率模量为零时，即使Ⅱ区和Ⅲ区渗透率模量取较大值，如图5.2.5至图5.2.7中的$\gamma_{1D}=0$且$\gamma_{2D}=\gamma_{3D}=0.1$，当无因次时间较小时，基本看不出应力敏感的影响；只有当无因次时间较大时，无因次压力及压力导数曲线才表现出小幅度的上翘。此外，$\gamma_{1D}=\gamma_{2D}=\gamma_{3D}=0.1$和$\gamma_{1D}=0$且$\gamma_{2D}=\gamma_{3D}=0.1$这两组曲线的差别也只有在晚期才有所体现，即井底压力动态受近井地带应力敏感性影响较大。

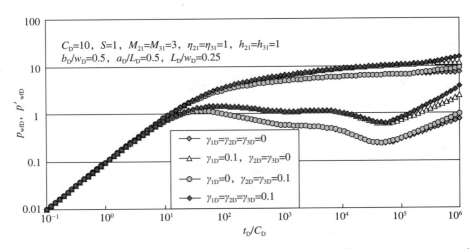

图5.2.7　渗透率模量对典型曲线的影响——Ⅱ、Ⅲ区物性变好（$\gamma_{1D}\neq\gamma_{2D}=\gamma_{3D}$，$a_D < b_D$）

第三节　双重介质压敏性两区线性复合气藏试井理论

一、双重介质压敏性两区线性复合气藏渗流物理模型和假设

考虑一顶底封闭且在平面上具有平行不渗透边界的条带状双重介质气藏，气藏中具有物性不同的两个半无限大区域，井位于其中一个区域。两个区域的裂缝系统均存在应力敏感性，裂缝系统渗透率随地层压力的变化关系可用指数式模型描述，两区的裂缝系统应力敏感系数可不相同。其余假设条件以及气藏示意图同第三章第三节。

二、双重介质压敏性两区线性复合气藏试井解释数学模型及求解

1. 双重介质压敏性两区线性复合气藏试井解释数学模型

依据上述渗流物理模型和图3.3.1，以渗流力学理论为基础，即可推导得到如下考虑储层渗透率应力敏感影响的双重介质两区不等厚线性复合气藏无因次试井解释数学模型。

（1）渗流微分方程。将井视为定产量线源考虑到井所在的Ⅰ区裂缝系统渗流微分方程中，可得到：

$$\frac{\partial}{\partial x_D}\left[e^{-\gamma_{f1D}p_{Df1}}\frac{\partial p_{Df1}}{\partial x_D}\right]+\frac{\partial}{\partial y_D}\left[e^{-\gamma_{f1D}p_{Df1}}\frac{\partial p_{Df1}}{\partial y_D}\right]$$

$$+2\pi\delta\left(x_D-a_D\right)\delta\left(y_D-b_D\right)-\lambda_1\left(p_{Df1}-p_{Dm1}\right)=\omega_1\frac{\partial p_{Df1}}{\partial t_D},\ x_D\geqslant 0 \qquad (5.3.1)$$

不考虑基质系统的应力敏感性，则 I 区基质系统渗流微分方程为：

$$(1-\omega_1)\frac{\partial p_{\text{Dm1}}}{\partial t_{\text{D}}} - \lambda_1 (p_{\text{Df1}} - p_{\text{Dm1}}) = 0 , \ x_{\text{D}} \geqslant 0 \tag{5.3.2}$$

同理，可得到 II 区裂缝系统和基质系统的渗流微分方程如下：

$$\frac{\partial}{\partial x_{\text{D}}}\left[e^{-\gamma_{\text{f2D}}p_{\text{Df2}}}\frac{\partial p_{\text{Df2}}}{\partial x_{\text{D}}} \right] + \frac{\partial}{\partial y_{\text{D}}}\left[e^{-\gamma_{\text{f2D}}p_{\text{Df2}}}\frac{\partial p_{\text{Df2}}}{\partial y_{\text{D}}} \right] - \lambda_2 (p_{\text{Df2}} - p_{\text{Dm2}}) = \frac{\omega_2}{\eta_{\text{D}}}\frac{\partial p_{\text{Df2}}}{\partial t_{\text{D}}} , \ x_{\text{D}} < 0 \tag{5.3.3}$$

$$\lambda_2 (p_{\text{Df2}} - p_{\text{Dm2}}) - (1-\omega_2)\frac{1}{\eta_{\text{D}}}\frac{\partial p_{\text{Dm2}}}{\partial t_{\text{D}}} = 0 , \ x_{\text{D}} < 0 \tag{5.3.4}$$

（2）初始条件：

$$p_{\text{Df1}}\big|_{t_{\text{D}}=0} = p_{\text{Df2}}\big|_{t_{\text{D}}=0} = p_{\text{Dm1}}\big|_{t_{\text{D}}=0} = p_{\text{Dm2}}\big|_{t_{\text{D}}=0} = 0 \tag{5.3.5}$$

（3）边界条件。x 方向外边界条件为：

$$\lim_{x_{\text{D}} \to \infty} p_{\text{Df1}} = 0 \tag{5.3.6}$$

$$\lim_{x_{\text{D}} \to -\infty} p_{\text{Df2}} = 0 \tag{5.3.7}$$

y 方向外边界条件为：

$$\frac{\partial p_{\text{Df1}}}{\partial y_{\text{D}}}\bigg|_{y_{\text{D}}=w_{\text{D}}} = \frac{\partial p_{\text{Df1}}}{\partial y_{\text{D}}}\bigg|_{y_{\text{D}}=0} = 0 \tag{5.3.8}$$

$$\frac{\partial p_{\text{Df2}}}{\partial y_{\text{D}}}\bigg|_{y_{\text{D}}=w_{\text{D}}} = \frac{\partial p_{\text{Df2}}}{\partial y_{\text{D}}}\bigg|_{y_{\text{D}}=0} = 0 \tag{5.3.9}$$

（4）连接条件。在不连续界面处，应该满足压力相等与流量相等条件：

$$p_{\text{Df1}}\big|_{x_{\text{D}}=0} = p_{\text{Df2}}\big|_{x_{\text{D}}=0} \tag{5.3.10}$$

$$e^{-\gamma_{\text{f1D}}p_{\text{Df1}}}\frac{\partial p_{\text{Df1}}}{\partial x_{\text{D}}}\bigg|_{x_{\text{D}}=0} = e^{-\gamma_{\text{f2D}}p_{\text{Df2}}}Mh_{\text{D}}\frac{\partial p_{\text{Df2}}}{\partial x_{\text{D}}}\bigg|_{x_{\text{D}}=0} \tag{5.3.11}$$

上述模型中涉及的无因次变量定义如下：

$$p_{\text{Df}j} = \frac{\pi K_{\text{f10}}h_1 T_{\text{sc}}}{q_{\text{sc}}p_{\text{sc}}T}(\psi_{\text{i}} - \psi_{\text{f}j}) , \ p_{\text{Dm}j} = \frac{\pi K_{\text{f10}}h_1 T_{\text{sc}}}{q_{\text{sc}}p_{\text{sc}}T}(\psi_{\text{i}} - \psi_{\text{m}j}) , \ \gamma_{\text{f}j\text{D}} = \frac{q_{\text{sc}}p_{\text{sc}}T}{\pi K_{\text{f10}}h_1 T_{\text{sc}}}\gamma_{\text{f}j} , \ j = 1,2$$

$$p_{\text{wfD}} = \frac{\pi K_{\text{f10}}h_1 T_{\text{sc}}}{q_{\text{sc}}p_{\text{sc}}T}(\psi_{\text{i}} - \psi_{\text{wf}}) , \ t_{\text{D}} = \frac{K_{\text{f10}}t}{(\phi_1 C_{\text{g1},i})_{\text{f+m}}\mu_{1,i}r_{\text{w}}^2} , \ C_{\text{D}} = \frac{C}{2\pi h_1 (\phi_1 C_{\text{g1},i})_{\text{f+m}}r_{\text{w}}^2}$$

$$x_{\text{D}} = \frac{x}{r_{\text{w}}} , \ a_{\text{D}} = \frac{a}{r_{\text{w}}} , \ w_{\text{D}} = \frac{w}{r_{\text{w}}} , \ y_{\text{D}} = \frac{y}{r_{\text{w}}} , \ b_{\text{D}} = \frac{b}{r_{\text{w}}}$$

$$M = \frac{K_{\text{f20}}}{K_{\text{f10}}} , \ h_{\text{D}} = \frac{h_2}{h_1} , \ \eta_{\text{D}} = \frac{K_{\text{f20}}/\left[\mu_{2,i}(\phi_2 C_{\text{g2},i})_{\text{f+m}} \right]}{K_{\text{f10}}/\left[\mu_{1,i}(\phi_1 C_{\text{g1},i})_{\text{f+m}} \right]}$$

$$\lambda_j = \alpha \frac{K_{mj}}{K_{fj0}} r_w^2, \quad \omega_j = \frac{\left(\phi_j C_{gj,i}\right)_f}{\left(\phi_j C_{gj,i}\right)_{f+m}}, \quad j = 1, 2$$

2. 双重介质压敏性两区线性复合气藏试井解释数学模型的求解

采用全隐式中心差分格式对建立的双重介质压敏性两区线性复合气藏不稳定试井解释模型进行求解。在 x 和 y 方向都采用点中心非均匀网格，井附近的网格较密，远离井的网格较稀疏，如图 5.3.1 所示。x 方向的离散节点总数为 N_x，各离散节点坐标为 x_{Di}（$i=1$，2，…，N_x），本章中模型假定储层在 x 方向无限延伸，在进行编程计算时，只需要把 N_x 取得很大即可；y 方向的离散节点总数为 N_y，各离散节点坐标为 y_{Dj}（$j=1$，2，…，N_y）。

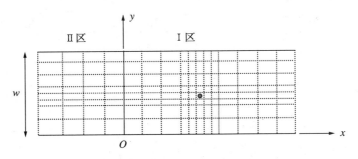

图 5.3.1　网格划分示意图

对于 I 区裂缝系统渗流微分方程的差分要分为两种情况：井点所在网格和不包含井点的网格。当网格系统中不包括井时，式（5.3.1）中以 δ 函数所表示的源汇项变为零。首先将式（5.3.2）代入式（5.3.1），可得到：

$$\frac{\partial}{\partial x_D}\left[e^{-\gamma_{f1D}p_{Df1}}\frac{\partial p_{Df1}}{\partial x_D}\right] + \frac{\partial}{\partial y_D}\left[e^{-\gamma_{f1D}p_{Df1}}\frac{\partial p_{Df1}}{\partial y_D}\right] - (1-\omega_1)\frac{\partial p_{Dm1}}{\partial t_D} = \omega_1\frac{\partial p_{Df1}}{\partial t_D} \quad (5.3.12)$$

对式（5.3.12）进行差分，可得到 I 区裂缝系统渗流微分方程的差分形式如下：

$$\begin{aligned}
&\frac{2e^{-\gamma_{f1D}p_{Df1(i+1/2,j)}^k}}{(x_{Di+1}-x_{Di-1})(x_{Di+1}-x_{Di})}p_{Df1(i+1,j)}^{k+1} - \left[\frac{2e^{-\gamma_{f1D}p_{Df1(i+1/2,j)}^k}}{(x_{Di+1}-x_{Di-1})(x_{Di+1}-x_{Di})} + \frac{2e^{-\gamma_{f1D}p_{Df1(i-1/2,j)}^k}}{(x_{Di+1}-x_{Di-1})(x_{Di}-x_{Di-1})}\right. \\
&\left. + \frac{2e^{-\gamma_{f1D}p_{Df1(i,j+1/2)}^k}}{(y_{Dj+1}-y_{Dj-1})(y_{Dj+1}-y_{Dj})} + \frac{2e^{-\gamma_{f1D}p_{Df1(i,j-1/2)}^k}}{(y_{Dj+1}-y_{Dj-1})(y_{Dj}-y_{Dj-1})} + \frac{\omega_1}{t_D^{k+1}-t_D^k}\right]p_{Df1(i,j)}^{k+1} \\
&+ \frac{2e^{-\gamma_{f1D}p_{Df1(i-1/2,j)}^k}}{(x_{Di+1}-x_{Di-1})(x_{Di}-x_{Di-1})}p_{Df1(i-1,j)}^{k+1} + \frac{2e^{-\gamma_{f1D}p_{Df1(i,j+1/2)}^k}}{(y_{Dj+1}-y_{Dj-1})(y_{Dj+1}-y_{Dj})}p_{Df1(i,j+1)}^{k+1} \\
&+ \frac{2e^{-\gamma_{f1D}p_{Df1(i,j-1/2)}^k}}{(y_{Dj+1}-y_{Dj-1})(y_{Dj}-y_{Dj-1})}p_{Df1(i,j-1)}^{k+1} - \frac{1-\omega_1}{t_D^{k+1}-t_D^k}p_{Dm1(i,j)}^{k+1} \\
&= -\frac{\omega_1}{t_D^{k+1}-t_D^k}p_{Df1(i,j)}^k - \frac{1-\omega_1}{t_D^{k+1}-t_D^k}p_{Dm1(i,j)}^k
\end{aligned} \quad (5.3.13)$$

式（5.3.13）中含有 $p_{Dm1(i,j)}^{k+1}$ 项，需要利用相应的基质系统差分方程将其消去。

对 I 区基质系统渗流微分方程进行差分,可得:

$$p_{\mathrm{Dm1}(i,j)}^{k+1} = \frac{1-\omega_1}{(1-\omega_1)+\lambda_1\left(t_{\mathrm{D}}^{k+1}-t_{\mathrm{D}}^{k}\right)}p_{\mathrm{Dm1}(i,j)}^{k} + \frac{\lambda_1\left(t_{\mathrm{D}}^{k+1}-t_{\mathrm{D}}^{k}\right)}{(1-\omega_1)+\lambda_1\left(t_{\mathrm{D}}^{k+1}-t_{\mathrm{D}}^{k}\right)}p_{\mathrm{Df1}(i,j)}^{k+1} \tag{5.3.14}$$

将式(5.3.14)代入式(5.3.13),可得到 I 区裂缝系统的最终差分方程为:

$$
\frac{2\mathrm{e}^{-\gamma_{\mathrm{f1D}}p_{\mathrm{Df1}(i+1/2,j)}^{k}}}{\left(x_{\mathrm{D}i+1}-x_{\mathrm{D}i-1}\right)\left(x_{\mathrm{D}i+1}-x_{\mathrm{D}i}\right)}p_{\mathrm{Df1}(i+1,j)}^{k+1} - \left[\frac{\omega_1}{t_{\mathrm{D}}^{k+1}-t_{\mathrm{D}}^{k}} + \frac{(1-\omega_1)\lambda_1}{(1-\omega_1)+\lambda_1\left(t_{\mathrm{D}}^{k+1}-t_{\mathrm{D}}^{k}\right)}\right.
$$
$$
+ \frac{2\mathrm{e}^{-\gamma_{\mathrm{f1D}}p_{\mathrm{Df1}(i+1/2,j)}^{k}}}{\left(x_{\mathrm{D}i+1}-x_{\mathrm{D}i-1}\right)\left(x_{\mathrm{D}i+1}-x_{\mathrm{D}i}\right)} + \frac{2\mathrm{e}^{-\gamma_{\mathrm{f1D}}p_{\mathrm{Df1}(i-1/2,j)}^{k}}}{\left(x_{\mathrm{D}i+1}-x_{\mathrm{D}i-1}\right)\left(x_{\mathrm{D}i}-x_{\mathrm{D}i-1}\right)}
$$
$$
\left. + \frac{2\mathrm{e}^{-\gamma_{\mathrm{f1D}}p_{\mathrm{Df1}(i,j+1/2)}^{k}}}{\left(y_{\mathrm{D}j+1}-y_{\mathrm{D}j-1}\right)\left(y_{\mathrm{D}j+1}-y_{\mathrm{D}j}\right)} + \frac{2\mathrm{e}^{-\gamma_{\mathrm{f1D}}p_{\mathrm{Df1}(i,j-1/2)}^{k}}}{\left(y_{\mathrm{D}j+1}-y_{\mathrm{D}j-1}\right)\left(y_{\mathrm{D}j}-y_{\mathrm{D}j-1}\right)}\right]p_{\mathrm{Df1}(i,j)}^{k+1}
$$
$$
+ \frac{2\mathrm{e}^{-\gamma_{\mathrm{f1D}}p_{\mathrm{Df1}(i-1/2,j)}^{k}}}{\left(x_{\mathrm{D}i+1}-x_{\mathrm{D}i-1}\right)\left(x_{\mathrm{D}i}-x_{\mathrm{D}i-1}\right)}p_{\mathrm{Df1}(i-1,j)}^{k+1} + \frac{2\mathrm{e}^{-\gamma_{\mathrm{f1D}}p_{\mathrm{Df1}(i,j+1/2)}^{k}}}{\left(y_{\mathrm{D}j+1}-y_{\mathrm{D}j-1}\right)\left(y_{\mathrm{D}j+1}-y_{\mathrm{D}j}\right)}p_{\mathrm{Df1}(i,j+1)}^{k+1}
$$
$$
+ \frac{2\mathrm{e}^{-\gamma_{\mathrm{f1D}}p_{\mathrm{Df1}(i,j-1/2)}^{k}}}{\left(y_{\mathrm{D}j+1}-y_{\mathrm{D}j-1}\right)\left(y_{\mathrm{D}j}-y_{\mathrm{D}j-1}\right)}p_{\mathrm{Df1}(i,j-1)}^{k+1}
$$
$$
= -\frac{\omega_1}{t_{\mathrm{D}}^{k+1}-t_{\mathrm{D}}^{k}}p_{\mathrm{Df1}(i,j)}^{k} - \frac{(1-\omega_1)\lambda_1}{(1-\omega_1)+\lambda_1\left(t_{\mathrm{D}}^{k+1}-t_{\mathrm{D}}^{k}\right)}p_{\mathrm{Dm1}(i,j)}^{k} \tag{5.3.15}
$$

考虑源汇项不为零,用类似的方法可得到井所在网格块的差分方程:

$$
\frac{2\mathrm{e}^{-\gamma_{\mathrm{f1D}}p_{\mathrm{Df1}(i+1/2,j)}^{k}}}{\left(x_{\mathrm{D}i+1}-x_{\mathrm{D}i-1}\right)\left(x_{\mathrm{D}i+1}-x_{\mathrm{D}i}\right)}p_{\mathrm{Df1}(i+1,j)}^{k+1} - \left[\frac{\omega_1}{t_{\mathrm{D}}^{k+1}-t_{\mathrm{D}}^{k}} + \frac{(1-\omega_1)\lambda_1}{(1-\omega_1)+\lambda_1\left(t_{\mathrm{D}}^{k+1}-t_{\mathrm{D}}^{k}\right)}\right.
$$
$$
+ \frac{2\mathrm{e}^{-\gamma_{\mathrm{f1D}}p_{\mathrm{Df1}(i+1/2,j)}^{k}}}{\left(x_{\mathrm{D}i+1}-x_{\mathrm{D}i-1}\right)\left(x_{\mathrm{D}i+1}-x_{\mathrm{D}i}\right)} + \frac{2\mathrm{e}^{-\gamma_{\mathrm{f1D}}p_{\mathrm{Df1}(i-1/2,j)}^{k}}}{\left(x_{\mathrm{D}i+1}-x_{\mathrm{D}i-1}\right)\left(x_{\mathrm{D}i}-x_{\mathrm{D}i-1}\right)}
$$
$$
\left. + \frac{2\mathrm{e}^{-\gamma_{\mathrm{f1D}}p_{\mathrm{Df1}(i,j+1/2)}^{k}}}{\left(y_{\mathrm{D}j+1}-y_{\mathrm{D}j-1}\right)\left(y_{\mathrm{D}j+1}-y_{\mathrm{D}j}\right)} + \frac{2\mathrm{e}^{-\gamma_{\mathrm{f1D}}p_{\mathrm{Df1}(i,j-1/2)}^{k}}}{\left(y_{\mathrm{D}j+1}-y_{\mathrm{D}j-1}\right)\left(y_{\mathrm{D}j}-y_{\mathrm{D}j-1}\right)}\right]p_{\mathrm{Df1}(i,j)}^{k+1}
$$
$$
+ \frac{2\mathrm{e}^{-\gamma_{\mathrm{f1D}}p_{\mathrm{Df1}(i-1/2,j)}^{k}}}{\left(x_{\mathrm{D}i+1}-x_{\mathrm{D}i-1}\right)\left(x_{\mathrm{D}i}-x_{\mathrm{D}i-1}\right)}p_{\mathrm{Df1}(i-1,j)}^{k+1} + \frac{2\mathrm{e}^{-\gamma_{\mathrm{f1D}}p_{\mathrm{Df1}(i,j+1/2)}^{k}}}{\left(y_{\mathrm{D}j+1}-y_{\mathrm{D}j-1}\right)\left(y_{\mathrm{D}j+1}-y_{\mathrm{D}j}\right)}p_{\mathrm{Df1}(i,j+1)}^{k+1}
$$
$$
+ \frac{2\mathrm{e}^{-\gamma_{\mathrm{f1D}}p_{\mathrm{Df1}(i,j-1/2)}^{k}}}{\left(y_{\mathrm{D}j+1}-y_{\mathrm{D}j-1}\right)\left(y_{\mathrm{D}j}-y_{\mathrm{D}j-1}\right)}p_{\mathrm{Df1}(i,j-1)}^{k+1}
$$
$$
= -\frac{\omega_1}{t_{\mathrm{D}}^{k+1}-t_{\mathrm{D}}^{k}}p_{\mathrm{Df1}(i,j)}^{k} - \frac{(1-\omega_1)\lambda_1}{(1-\omega_1)+\lambda_1\left(t_{\mathrm{D}}^{k+1}-t_{\mathrm{D}}^{k}\right)}p_{\mathrm{Dm1}(i,j)}^{k} - \frac{8\pi}{\left(x_{\mathrm{D}i+1}-x_{\mathrm{D}i-1}\right)\left(y_{\mathrm{D}j+1}-y_{\mathrm{D}j-1}\right)} \tag{5.3.16}
$$

与式(5.3.15)相比,式(5.3.16)右端多了一项。式(5.3.16)右端第三项代表定产量生产气井的影响。

II 区由于不含井,对其渗流微分方程的差分处理要更简单一些。首先将式(5.3.4)代

入式 (5.3.3)，可得到：

$$\frac{\partial}{\partial x_\mathrm{D}}\left[\mathrm{e}^{-\gamma_{f2\mathrm{D}}p_{\mathrm{Df}2}}\frac{\partial p_{\mathrm{Df}2}}{\partial x_\mathrm{D}}\right]+\frac{\partial}{\partial y_\mathrm{D}}\left[\mathrm{e}^{-\gamma_{f2\mathrm{D}}p_{\mathrm{Df}2}}\frac{\partial p_{\mathrm{Df}2}}{\partial y_\mathrm{D}}\right]-\left(1-\omega_2\right)\frac{1}{\eta_\mathrm{D}}\frac{\partial p_{\mathrm{Dm}2}}{\partial t_\mathrm{D}}=\frac{\omega_2}{\eta_\mathrm{D}}\frac{\partial p_{\mathrm{Df}2}}{\partial t_\mathrm{D}} \tag{5.3.17}$$

对式 (5.3.17) 进行差分，可得到 II 区裂缝系统渗流微分方程的差分形式如下：

$$\frac{2\mathrm{e}^{-\gamma_{f2\mathrm{D}}p_{\mathrm{Df}2(i+1/2,j)}^k}}{\left(x_{\mathrm{D}i+1}-x_{\mathrm{D}i-1}\right)\left(x_{\mathrm{D}i+1}-x_{\mathrm{D}i}\right)}p_{\mathrm{Df}2(i+1,j)}^{k+1}-\left[\frac{2\mathrm{e}^{-\gamma_{f2\mathrm{D}}p_{\mathrm{Df}2(i+1/2,j)}^k}}{\left(x_{\mathrm{D}i+1}-x_{\mathrm{D}i-1}\right)\left(x_{\mathrm{D}i+1}-x_{\mathrm{D}i}\right)}+\frac{2\mathrm{e}^{-\gamma_{f2\mathrm{D}}p_{\mathrm{Df}2(i-1/2,j)}^k}}{\left(x_{\mathrm{D}i+1}-x_{\mathrm{D}i-1}\right)\left(x_{\mathrm{D}i}-x_{\mathrm{D}i-1}\right)}\right.$$

$$+\frac{2\mathrm{e}^{-\gamma_{f2\mathrm{D}}p_{\mathrm{Df}2(i,j+1/2)}^k}}{\left(y_{\mathrm{D}j+1}-y_{\mathrm{D}j-1}\right)\left(y_{\mathrm{D}j+1}-y_{\mathrm{D}j}\right)}+\frac{2\mathrm{e}^{-\gamma_{f2\mathrm{D}}p_{\mathrm{Df}2(i,j-1/2)}^k}}{\left(y_{\mathrm{D}j+1}-y_{\mathrm{D}j-1}\right)\left(y_{\mathrm{D}j}-y_{\mathrm{D}j-1}\right)}+\left.\frac{\omega_2}{\eta_\mathrm{D}\left(t_\mathrm{D}^{k+1}-t_\mathrm{D}^k\right)}\right]p_{\mathrm{Df}2(i,j)}^{k+1}$$

$$+\frac{2\mathrm{e}^{-\gamma_{f2\mathrm{D}}p_{\mathrm{Df}2(i-1/2,j)}^k}}{\left(x_{\mathrm{D}i+1}-x_{\mathrm{D}i-1}\right)\left(x_{\mathrm{D}i}-x_{\mathrm{D}i-1}\right)}p_{\mathrm{Df}2(i-1,j)}^{k+1}+\frac{2\mathrm{e}^{-\gamma_{f2\mathrm{D}}p_{\mathrm{Df}2(i,j+1/2)}^k}}{\left(y_{\mathrm{D}j+1}-y_{\mathrm{D}j-1}\right)\left(y_{\mathrm{D}j+1}-y_{\mathrm{D}j}\right)}p_{\mathrm{Df}2(i,j+1)}^{k+1}$$

$$+\frac{2\mathrm{e}^{-\gamma_{f2\mathrm{D}}p_{\mathrm{Df}2(i,j-1/2)}^k}}{\left(y_{\mathrm{D}j+1}-y_{\mathrm{D}j-1}\right)\left(y_{\mathrm{D}j}-y_{\mathrm{D}j-1}\right)}p_{\mathrm{Df}2(i,j-1)}^{k+1}-\frac{1-\omega_2}{\eta_\mathrm{D}\left(t_\mathrm{D}^{k+1}-t_\mathrm{D}^k\right)}p_{\mathrm{Dm}2(i,j)}^{k+1}$$

$$=-\frac{\omega_2}{\eta_\mathrm{D}\left(t_\mathrm{D}^{k+1}-t_\mathrm{D}^k\right)}p_{\mathrm{Df}2(i,j)}^k-\frac{1-\omega_2}{\eta_\mathrm{D}\left(t_\mathrm{D}^{k+1}-t_\mathrm{D}^k\right)}p_{\mathrm{Dm}2(i,j)}^k \tag{5.3.18}$$

式 (5.3.18) 中含有 $p_{\mathrm{Dm}2(i,j)}^{k+1}$ 项，需要利用相应的基质系统差分方程将其消去。

对 II 区基质系统渗流微分方程进行差分，可得：

$$p_{\mathrm{Dm}2(i,j)}^{k+1}=\frac{\lambda_2\eta_\mathrm{D}\left(t_\mathrm{D}^{k+1}-t_\mathrm{D}^k\right)}{\lambda_2\eta_\mathrm{D}\left(t_\mathrm{D}^{k+1}-t_\mathrm{D}^k\right)+\left(1-\omega_2\right)}p_{\mathrm{Df}2(i,j)}^{k+1}+\frac{1-\omega_2}{\lambda_2\eta_\mathrm{D}\left(t_\mathrm{D}^{k+1}-t_\mathrm{D}^k\right)+\left(1-\omega_2\right)}p_{\mathrm{Dm}2(i,j)}^k \tag{5.3.19}$$

将式 (5.3.19) 代入式 (5.3.18)，可得到 II 区裂缝系统的最终差分方程为：

$$\frac{2\mathrm{e}^{-\gamma_{f2\mathrm{D}}p_{\mathrm{Df}2(i+1/2,j)}^k}}{\left(x_{\mathrm{D}i+1}-x_{\mathrm{D}i-1}\right)\left(x_{\mathrm{D}i+1}-x_{\mathrm{D}i}\right)}p_{\mathrm{Df}2(i+1,j)}^{k+1}-\left[\frac{\omega_2}{\eta_\mathrm{D}\left(t_\mathrm{D}^{k+1}-t_\mathrm{D}^k\right)}+\frac{\lambda_2\left(1-\omega_2\right)}{\lambda_2\eta_\mathrm{D}\left(t_\mathrm{D}^{k+1}-t_\mathrm{D}^k\right)+\left(1-\omega_2\right)}\right.$$

$$+\frac{2\mathrm{e}^{-\gamma_{f2\mathrm{D}}p_{\mathrm{Df}2(i+1/2,j)}^k}}{\left(x_{\mathrm{D}i+1}-x_{\mathrm{D}i-1}\right)\left(x_{\mathrm{D}i+1}-x_{\mathrm{D}i}\right)}+\frac{2\mathrm{e}^{-\gamma_{f2\mathrm{D}}p_{\mathrm{Df}2(i-1/2,j)}^k}}{\left(x_{\mathrm{D}i+1}-x_{\mathrm{D}i-1}\right)\left(x_{\mathrm{D}i}-x_{\mathrm{D}i-1}\right)}$$

$$+\frac{2\mathrm{e}^{-\gamma_{f2\mathrm{D}}p_{\mathrm{Df}2(i,j+1/2)}^k}}{\left(y_{\mathrm{D}j+1}-y_{\mathrm{D}j-1}\right)\left(y_{\mathrm{D}j+1}-y_{\mathrm{D}j}\right)}+\left.\frac{2\mathrm{e}^{-\gamma_{f2\mathrm{D}}p_{\mathrm{Df}2(i,j-1/2)}^k}}{\left(y_{\mathrm{D}j+1}-y_{\mathrm{D}j-1}\right)\left(y_{\mathrm{D}j}-y_{\mathrm{D}j-1}\right)}\right]p_{\mathrm{Df}2(i,j)}^{k+1}$$

$$+\frac{2\mathrm{e}^{-\gamma_{f2\mathrm{D}}p_{\mathrm{Df}2(i-1/2,j)}^k}}{\left(x_{\mathrm{D}i+1}-x_{\mathrm{D}i-1}\right)\left(x_{\mathrm{D}i}-x_{\mathrm{D}i-1}\right)}p_{\mathrm{Df}2(i-1,j)}^{k+1}+\frac{2\mathrm{e}^{-\gamma_{f2\mathrm{D}}p_{\mathrm{Df}2(i,j+1/2)}^k}}{\left(y_{\mathrm{D}j+1}-y_{\mathrm{D}j-1}\right)\left(y_{\mathrm{D}j+1}-y_{\mathrm{D}j}\right)}p_{\mathrm{Df}2(i,j+1)}^{k+1}$$

$$+\frac{2\mathrm{e}^{-\gamma_{f2\mathrm{D}}p_{\mathrm{Df}2(i,j-1/2)}^k}}{\left(y_{\mathrm{D}j+1}-y_{\mathrm{D}j-1}\right)\left(y_{\mathrm{D}j}-y_{\mathrm{D}j-1}\right)}p_{\mathrm{Df}2(i,j-1)}^{k+1}$$

$$=-\frac{\omega_2}{\eta_\mathrm{D}\left(t_\mathrm{D}^{k+1}-t_\mathrm{D}^k\right)}p_{\mathrm{Df}2(i,j)}^k-\frac{\lambda_2\left(1-\omega_2\right)}{\lambda_2\eta_\mathrm{D}\left(t_\mathrm{D}^{k+1}-t_\mathrm{D}^k\right)+\left(1-\omega_2\right)}p_{\mathrm{Dm}2(i,j)}^k \tag{5.3.20}$$

初始条件的差分格式为：

$$p^0_{\mathrm{Df1}(i,\,j)}=p^0_{\mathrm{Df2}(i,\,j)}=0 \qquad (5.3.21)$$

$$p^0_{\mathrm{Dm1}(i,\,j)}=p^0_{\mathrm{Dm2}(i,\,j)}=0 \qquad (5.3.22)$$

x 方向外边界条件的差分格式为：

$$p^{k+1}_{\mathrm{Df1}(N_x,j)} = 0 \qquad (5.3.23)$$

$$p^{k+1}_{\mathrm{Df2}(1,j)} = 0 \qquad (5.3.24)$$

y 方向外边界条件的差分格式为：

$$p^{k+1}_{\mathrm{Df1}(i,2)} - p^{k+1}_{\mathrm{Df1}(i,1)} = 0 \qquad (5.3.25)$$

$$p^{k+1}_{\mathrm{Df2}(i,2)} - p^{k+1}_{\mathrm{Df2}(i,1)} = 0 \qquad (5.3.26)$$

$$p^{k+1}_{\mathrm{Df1}\left(i,N_y\right)} - p^{k+1}_{\mathrm{Df1}\left(i,N_y-1\right)} = 0 \qquad (5.3.27)$$

$$p^{k+1}_{\mathrm{Df2}\left(i,N_y\right)} - p^{k+1}_{\mathrm{Df2}\left(i,N_y-1\right)} = 0 \qquad (5.3.28)$$

对不连续界面处的连续条件进行差分，可得到：

$$\frac{\mathrm{e}^{-\gamma_{\mathrm{f1D}} p^k_{\mathrm{Df1}(i+1/2,j)}}}{x_{\mathrm{D}i+1} - x_{\mathrm{D}i}} p^{k+1}_{\mathrm{Df1}(i+1,j)} - \left[\frac{\mathrm{e}^{-\gamma_{\mathrm{f1D}} p^k_{\mathrm{Df1}(i+1/2,j)}}}{x_{\mathrm{D}i+1} - x_{\mathrm{D}i}} + \frac{Mh_{\mathrm{D}}\mathrm{e}^{-\gamma_{\mathrm{f2D}} p^k_{\mathrm{Df2}(i-1/2,j)}}}{x_{\mathrm{D}i} - x_{\mathrm{D}i-1}}\right] p^{k+1}_{\mathrm{Df1}(i,j)}$$

$$+ \frac{Mh_{\mathrm{D}}\mathrm{e}^{-\gamma_{\mathrm{f2D}} p^k_{\mathrm{Df2}(i-1/2,j)}}}{x_{\mathrm{D}i} - x_{\mathrm{D}i-1}} p^{k+1}_{\mathrm{Df2}(i-1,j)} = 0 \qquad (5.3.29)$$

式中，$p^k_{\mathrm{Df}l(i+1/2,j)} = \dfrac{p^k_{\mathrm{Df}l(i,j)} + p^k_{\mathrm{Df}l(i+1,j)}}{2}$;

$p^k_{\mathrm{Df}l(i-1/2,j)} = \dfrac{p^k_{\mathrm{Df}l(i,j)} + p^k_{\mathrm{Df}l(i-1,j)}}{2}$;

$p^k_{\mathrm{Df}l(i,j+1/2)} = \dfrac{p^k_{\mathrm{Df}l(i,j)} + p^k_{\mathrm{Df}l(i,j+1)}}{2}$;

$p^k_{\mathrm{Df}l(i,j-1/2)} = \dfrac{p^k_{\mathrm{Df}l(i,j)} + p^k_{\mathrm{Df}l(i,j-1)}}{2}$ ，$l=1$，2。

从上述差分结果可看出，对于某一给定的时刻 k，式（5.3.15）、式（5.3.16）和式（5.3.20）至式（5.3.29）组成了一个封闭的线性方程组，方程组的系数矩阵也为五对角的带状稀疏矩阵。利用 Orthomin 方法编程求解该线性方程组，可得到 $k+1$ 时刻裂缝系统的压力分布。代入式（5.3.14）和（5.3.19），就可求得 $k+1$ 时刻基质系统的压力分布。

当求取得到各节点压力之后，采用类似于本章第一节中井底流压的求取方法，即可推导得到考虑裂缝系统应力敏感、井储和表皮效应影响的井底流压的计算式如下：

$$\frac{\mathrm{e}^{-\gamma_{f1D}p_{Df1(i,j)}} - \mathrm{e}^{-\gamma_{f1D}p_{wfD}}}{\ln r_{eqD} + S} = \gamma_{1D}\left(1 - C_D\frac{\mathrm{d}p_{wfD}}{\mathrm{d}t_D}\right) \tag{5.3.30}$$

式中　$p_{Df1(i,j)}$——井所在网格块节点的裂缝系统压力值。

对式（5.3.30）进行差分，可得到：

$$C_D\frac{p_{wfD}^{k+1} - p_{wfD}^k}{t_D^{k+1} - t_D^k} + \frac{\mathrm{e}^{-\gamma_{f1D}p_{Df1(i,j)}^{k+1}} - \mathrm{e}^{-\gamma_{f1D}p_{wfD}^{k+1}}}{\gamma_{f1D}\left(\ln r_{eqD} + S\right)} = 1 \tag{5.3.31}$$

求得 $k+1$ 时刻井点所在网格节点的裂缝压力 $p_{Df1(i,j)}$ 后，再结合式（5.3.31），利用牛顿迭代法即可求得 $k+1$ 时刻的井底流压值。

三、双重介质压敏性两区线性复合气藏典型曲线特征分析

与第三章第三节相比，本节推导的模型中多了描述裂缝系统渗透率应力敏感程度的参数 γ_{f1D} 和 γ_{f2D}，其他参数对典型曲线特征的影响与第三章第三节相同，故此处只讨论无因次裂缝渗透率模量 γ_{f1D} 和 γ_{f2D} 对典型曲线形态的影响。

图 5.3.2 至图 5.3.4 是当 I 区和 II 区裂缝系统渗透率模量相等时（$\gamma_{f1D}=\gamma_{f2D}$），压敏性两区线性复合双重介质气藏井底压力动态的变化曲线。从图中可以看出，由于裂缝系统渗透率应力敏感的存在，从井储流动阶段末期开始，压力及压力导数曲线就有所上翘，压力导数曲线上反映内外区基质系统向裂缝系统窜流的"凹子"的位置也相应变高。曲线上翘程度与裂缝系统无因次渗透率模量 γ_{f1D} 和 γ_{f2D} 有关，裂缝系统无因次渗透率模量越大，曲线上翘就越明显。当压力波传播到平行断层边界后，由于应力敏感性的存在，压力导数曲线不再为平行断层边界作用下的 1/2 斜率直线，而是出现了明显的上翘趋势。裂缝系统无因次渗透率模量越大，晚期压力导数曲线上翘幅度就越大。

图 5.3.5 至图 5.3.7 是当 I 区和 II 区裂缝系统渗透率模量不相等时（$\gamma_{f1D} \neq \gamma_{f2D}$），压敏性两区线性复合双重介质气藏井底压力动态的变化曲线。从图中可以看出，与不存在应力敏感情况（$\gamma_{f1D}=\gamma_{f2D}=0$）相比，当 I 区裂缝系统渗透率模量不为零而 II 区裂缝系统渗透率模量为零时，无因次压力及压力导数曲线表现出了明显的应力敏感特征，即压力及压力导数曲线从井储阶段末期就开始上翘。而当 I 区裂缝系统渗透率模量为零时，即使 II 区裂缝系统

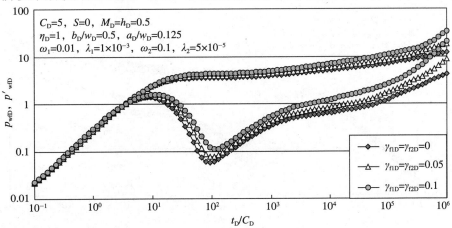

图 5.3.2　渗透率模量对典型曲线的影响——II 区物性变差（$\gamma_{f1D}=\gamma_{f2D}$，$a_D < b_D$）

渗透率模量取较大值，应力敏感对典型曲线形态的影响也只出现在晚期，早期基本无影响，这也再次验证了前面所得到的结论，即近井地带储层性质对井底压力动态的影响更明显，当测试时间较短时，远井区域的应力敏感性基本表现不出来。

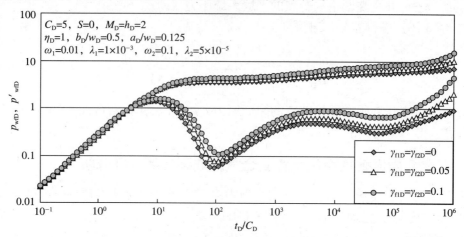

图 5.3.3　渗透率模量对典型曲线的影响——Ⅱ区物性变好（$\gamma_{f1D}=\gamma_{f2D}$，$a_D < b_D$）

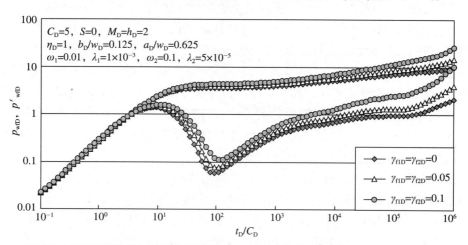

图 5.3.4　渗透率模量对典型曲线的影响——Ⅱ区物性变好（$\gamma_{f1D}=\gamma_{f2D}$，$a_D > b_D$）

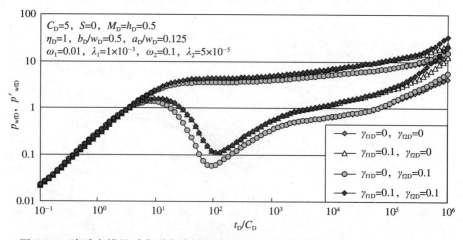

图 5.3.5　渗透率模量对典型曲线的影响——Ⅱ区物性变差（$\gamma_{f1D} \neq \gamma_{f2D}$，$a_D < b_D$）

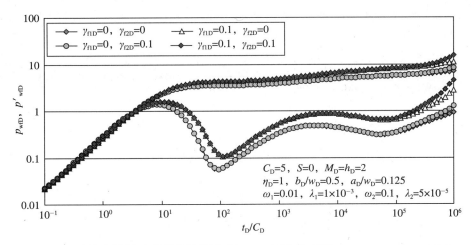

图 5.3.6　渗透率模量对典型曲线的影响——Ⅱ区物性变好（$\gamma_{f1D} \neq \gamma_{f2D}$，$a_D < b_D$）

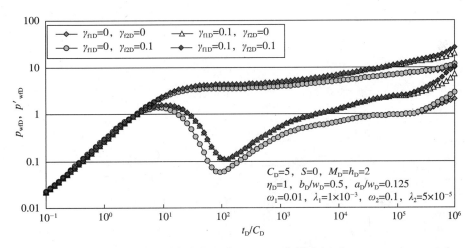

图 5.3.7　渗透率模量对典型曲线的影响——Ⅱ区物性变好（$\gamma_{f1D} \neq \gamma_{f2D}$，$a_D > b_D$）

第四节　双重介质压敏性三区线性复合气藏试井理论

一、双重介质压敏性三区线性复合气藏渗流物理模型和假设

考虑一顶底封闭且在平面上具有平行不渗透边界的条带状双重介质气藏，气藏中具有物性不同的三个区域，井位于中间区域。各区域的裂缝系统均存在应力敏感性，裂缝系统渗透率随地层压力的变化关系可用指数式模型描述，且各区的裂缝系统应力敏感系数可不相同。其余假设条件以及气藏示意图同第三章第四节。

二、双重介质压敏性三区线性复合气藏试井解释数学模型及求解

1. 双重介质压敏性三区线性复合气藏试井解释数学模型

依据上述渗流物理模型和图 3.4.1，以渗流力学理论为基础，即可推导得到如下考虑储层渗透率应力敏感影响的双重介质三区不等厚线性复合气藏无因次试井解释数学模型。

（1）渗流微分方程。将井视为定产量线源考虑到井所在的 I 区裂缝系统渗流微分方程中，可得到：

$$\frac{\partial}{\partial x_D}\left[e^{-\gamma_{f1D}p_{Df1}}\frac{\partial p_{Df1}}{\partial x_D}\right]+\frac{\partial}{\partial y_D}\left[e^{-\gamma_{f1D}p_{Df1}}\frac{\partial p_{Df1}}{\partial y_D}\right]+2\pi\delta(x_D-a_D)\delta(y_D-b_D)$$

$$-\lambda_1(p_{Df1}-p_{Dm1})=\omega_1\frac{\partial p_{Df1}}{\partial t_D},\ 0\leqslant x_D\leqslant L_D \tag{5.4.1}$$

不考虑基质系统的应力敏感性，则 I 区基质系统渗流微分方程为：

$$\lambda_1(p_{Df1}-p_{Dm1})-(1-\omega_1)\frac{\partial p_{Dm1}}{\partial t_D}=0,\ 0\leqslant x_D\leqslant L_D \tag{5.4.2}$$

同理，可得到 II 区和 III 区裂缝系统和基质系统的渗流微分方程如下：

$$\frac{\partial}{\partial x_D}\left[e^{-\gamma_{f2D}p_{Df2}}\frac{\partial p_{Df2}}{\partial x_D}\right]+\frac{\partial}{\partial y_D}\left[e^{-\gamma_{f2D}p_{Df2}}\frac{\partial p_{Df2}}{\partial y_D}\right]-\lambda_2(p_{Df2}-p_{Dm2})=\frac{\omega_2}{\eta_{21}}\frac{\partial p_{Df2}}{\partial t_D},\ x_D<0 \tag{5.4.3}$$

$$\lambda_2(p_{Df2}-p_{Dm2})-\frac{1-\omega_2}{\eta_{21}}\frac{\partial p_{Dm2}}{\partial t_D}=0,\ x_D<0 \tag{5.4.4}$$

$$\frac{\partial}{\partial x_D}\left[e^{-\gamma_{f3D}p_{Df3}}\frac{\partial p_{Df3}}{\partial x_D}\right]+\frac{\partial}{\partial y_D}\left[e^{-\gamma_{f3D}p_{Df3}}\frac{\partial p_{Df3}}{\partial y_D}\right]-\lambda_3(p_{Df3}-p_{Dm3})=\frac{\omega_3}{\eta_{31}}\frac{\partial p_{Df3}}{\partial t_D},\ x_D>L_D \tag{5.4.5}$$

$$\lambda_3(p_{Df3}-p_{Dm3})-\frac{1-\omega_3}{\eta_{31}}\frac{\partial p_{Dm3}}{\partial t_D}=0,\ x_D>L_D \tag{5.4.6}$$

（2）初始条件：

$$p_{Df1}\big|_{t_D=0}=p_{Df2}\big|_{t_D=0}=p_{Df3}\big|_{t_D=0}=p_{Dm1}\big|_{t_D=0}=p_{Dm2}\big|_{t_D=0}=p_{Dm3}\big|_{t_D=0}=0 \tag{5.4.7}$$

（3）边界条件。x 方向外边界条件为：

$$\lim_{x_D\to\infty}p_{Df3}=0 \tag{5.4.8}$$

$$\lim_{x_D\to-\infty}p_{Df2}=0 \tag{5.4.9}$$

y 方向外边界条件为：

$$\frac{\partial p_{Df1}}{\partial y_D}\bigg|_{y_D=w_D}=\frac{\partial p_{Df1}}{\partial y_D}\bigg|_{y_D=0}=0 \tag{5.4.10}$$

$$\frac{\partial p_{Df2}}{\partial y_D}\bigg|_{y_D=w_D}=\frac{\partial p_{Df2}}{\partial y_D}\bigg|_{y_D=0}=0 \tag{5.4.11}$$

$$\frac{\partial p_{Df3}}{\partial y_D}\bigg|_{y_D=w_D}=\frac{\partial p_{Df3}}{\partial y_D}\bigg|_{y_D=0}=0 \tag{5.4.12}$$

（4）连接条件。在两个不连续界面处，都应该满足压力相等与流量相等条件。

不连续界面处压力相等：

$$p_{Df1}\big|_{x_D=0}=p_{Df2}\big|_{x_D=0} \tag{5.4.13}$$

$$p_{\mathrm{Df1}}\big|_{x_{\mathrm{D}}=L_{\mathrm{D}}} = p_{\mathrm{Df3}}\big|_{x_{\mathrm{D}}=L_{\mathrm{D}}} \tag{5.4.14}$$

不连续界面处流量相等：

$$\mathrm{e}^{-\gamma_{\mathrm{f1D}}p_{\mathrm{Df1}}}\frac{\partial p_{\mathrm{Df1}}}{\partial x_{\mathrm{D}}}\bigg|_{x_{\mathrm{D}}=0} = M_{21}h_{21}\mathrm{e}^{-\gamma_{\mathrm{f2D}}p_{\mathrm{Df2}}}\frac{\partial p_{\mathrm{Df2}}}{\partial x_{\mathrm{D}}}\bigg|_{x_{\mathrm{D}}=0} \tag{5.4.15}$$

$$\mathrm{e}^{-\gamma_{\mathrm{f1D}}p_{\mathrm{Df1}}}\frac{\partial p_{\mathrm{Df1}}}{\partial x_{\mathrm{D}}}\bigg|_{x_{\mathrm{D}}=L_{\mathrm{D}}} = M_{31}h_{31}\mathrm{e}^{-\gamma_{\mathrm{f3D}}p_{\mathrm{Df3}}}\frac{\partial p_{\mathrm{Df3}}}{\partial x_{\mathrm{D}}}\bigg|_{x_{\mathrm{D}}=L_{\mathrm{D}}} \tag{5.4.16}$$

上述模型中涉及的无因次变量定义如下：

$$p_{\mathrm{Df}j} = \frac{\pi K_{\mathrm{f10}}h_1 T_{\mathrm{sc}}}{q_{\mathrm{sc}}p_{\mathrm{sc}}T}(\psi_{\mathrm{i}} - \psi_{\mathrm{f}j}), \quad p_{\mathrm{Dm}j} = \frac{\pi k_{\mathrm{f10}}h_1 T_{\mathrm{sc}}}{q_{\mathrm{sc}}p_{\mathrm{sc}}T}(\psi_{\mathrm{i}} - \psi_{\mathrm{m}j}), \quad \gamma_{\mathrm{f}j\mathrm{D}} = \frac{q_{\mathrm{sc}}p_{\mathrm{sc}}T}{\pi K_{\mathrm{f10}}h_1 T_{\mathrm{sc}}}\gamma_{\mathrm{f}j}, \quad j=1,2,3$$

$$p_{\mathrm{wfD}} = \frac{\pi K_{\mathrm{f10}}h_1 T_{\mathrm{sc}}}{q_{\mathrm{sc}}p_{\mathrm{sc}}T}(\psi_{\mathrm{i}} - \psi_{\mathrm{wf}}), \quad t_{\mathrm{D}} = \frac{K_{\mathrm{f10}}t}{\left(\phi_1 C_{\mathrm{g1},i}\right)_{\mathrm{f+m}}\mu_{1,i}r_{\mathrm{w}}^2}, \quad C_{\mathrm{D}} = \frac{C}{2\pi h_1\left(\phi_1 C_{\mathrm{g1},i}\right)_{\mathrm{f+m}}r_{\mathrm{w}}^2}$$

$$x_{\mathrm{D}} = \frac{x}{r_{\mathrm{w}}}, a_{\mathrm{D}} = \frac{a}{r_{\mathrm{w}}}, w_{\mathrm{D}} = \frac{w}{r_{\mathrm{w}}}, y_{\mathrm{D}} = \frac{y}{r_{\mathrm{w}}}, b_{\mathrm{D}} = \frac{b}{r_{\mathrm{w}}}$$

$$M_{21} = \frac{K_{\mathrm{f20}}}{K_{\mathrm{f10}}}, \quad M_{31} = \frac{K_{\mathrm{f30}}}{K_{\mathrm{f10}}}, \quad h_{21} = \frac{h_2}{h_1}, \quad h_{31} = \frac{h_3}{h_1}$$

$$\eta_{21} = \frac{K_{\mathrm{f20}}\big/\left[\mu_{2,i}\left(\phi_2 C_{\mathrm{g2},i}\right)_{\mathrm{f+m}}\right]}{K_{\mathrm{f10}}\big/\left[\mu_{1,i}\left(\phi_1 C_{\mathrm{g1},i}\right)_{\mathrm{f+m}}\right]}, \quad \eta_{31} = \frac{K_{\mathrm{f30}}\big/\left[\mu_{3,i}\left(\phi_3 C_{\mathrm{g3},i}\right)_{\mathrm{f+m}}\right]}{K_{\mathrm{f10}}\big/\left[\mu_{1,i}\left(\phi_1 C_{\mathrm{g1},i}\right)_{\mathrm{f+m}}\right]}$$

$$\lambda_j = \alpha\frac{K_{\mathrm{m}j}}{K_{\mathrm{f}j0}}r_{\mathrm{w}}^2, \quad \omega_j = \frac{\left(\phi_j C_{\mathrm{g}j,i}\right)_{\mathrm{f}}}{\left(\phi_j C_{\mathrm{g}j,i}\right)_{\mathrm{f+m}}}, \quad j=1,2,3$$

2. 双重介质压敏性三区线性复合气藏试井解释数学模型的求解

采用全隐式中心差分格式对建立的双重介质压敏性三区线性复合气藏不稳定试井解释模型进行求解。在 x 和 y 方向都采用点中心非均匀网格，井附近的网格较密，远离井的网格较稀疏，如图 5.4.1 所示。x 方向的离散节点总数为 N_x，各离散节点坐标为 $x_{\mathrm{D}i}$（$i=1$, 2, $\cdots$, N_x），本章中模型假定储层在 x 方向无限延伸，在进行编程计算时，只需要把 N_x 取得很大即可；y 方向的离散节点总数为 N_y，各离散节点坐标为 $y_{\mathrm{D}j}$（$j=1$, 2, $\cdots$, N_y）。

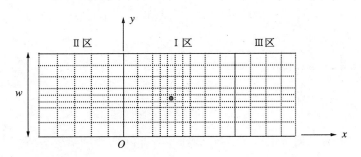

图 5.4.1　网格划分示意图

对于 I 区裂缝系统渗流微分方程的差分，要分为两种情况：井点所在网格和不包含井点的网格。当网格系统中不包括井时，式（5.4.1）中以 δ 函数所表示的源汇项变为零，可得到 I 区裂缝系统的差分方程为：

$$
\frac{2\mathrm{e}^{-\gamma_{\mathrm{f1D}}p_{\mathrm{Df1}(i+1/2,j)}^{k}}}{\left(x_{\mathrm{D}i+1}-x_{\mathrm{D}i-1}\right)\left(x_{\mathrm{D}i+1}-x_{\mathrm{D}i}\right)}p_{\mathrm{Df1}(i+1,j)}^{k+1}-\left[\frac{\omega_{1}}{t_{\mathrm{D}}^{k+1}-t_{\mathrm{D}}^{k}}+\frac{2\mathrm{e}^{-\gamma_{\mathrm{f1D}}p_{\mathrm{Df1}(i+1/2,j)}^{k}}}{\left(x_{\mathrm{D}i+1}-x_{\mathrm{D}i-1}\right)\left(x_{\mathrm{D}i+1}-x_{\mathrm{D}i}\right)}\right.
$$

$$
\left.+\frac{2\mathrm{e}^{-\gamma_{\mathrm{f1D}}p_{\mathrm{Df1}(i-1/2,j)}^{k}}}{\left(x_{\mathrm{D}i+1}-x_{\mathrm{D}i-1}\right)\left(x_{\mathrm{D}i}-x_{\mathrm{D}i-1}\right)}+\frac{2\mathrm{e}^{-\gamma_{\mathrm{f1D}}p_{\mathrm{Df1}(i,j+1/2)}^{k}}}{\left(y_{\mathrm{D}j+1}-y_{\mathrm{D}j-1}\right)\left(y_{\mathrm{D}j+1}-y_{\mathrm{D}j}\right)}+\frac{2\mathrm{e}^{-\gamma_{\mathrm{f1D}}p_{\mathrm{Df1}(i,j-1/2)}^{k}}}{\left(y_{\mathrm{D}j+1}-y_{\mathrm{D}j-1}\right)\left(y_{\mathrm{D}j}-y_{\mathrm{D}j-1}\right)}\right]p_{\mathrm{Df1}(i,j)}^{k+1}
$$

$$
-\lambda_{1}p_{\mathrm{Df1}(i,j)}^{k+1}+\lambda_{1}p_{\mathrm{Dm1}(i,j)}^{k+1}+\frac{2\mathrm{e}^{-\gamma_{\mathrm{f1D}}p_{\mathrm{Df1}(i-1/2,j)}^{k}}}{\left(x_{\mathrm{D}i+1}-x_{\mathrm{D}i-1}\right)\left(x_{\mathrm{D}i}-x_{\mathrm{D}i-1}\right)}p_{\mathrm{Df1}(i-1,j)}^{k+1}
$$

$$
+\frac{2\mathrm{e}^{-\gamma_{\mathrm{f1D}}p_{\mathrm{Df1}(i,j+1/2)}^{k}}}{\left(y_{\mathrm{D}j+1}-y_{\mathrm{D}j-1}\right)\left(y_{\mathrm{D}j+1}-y_{\mathrm{D}j}\right)}p_{\mathrm{Df1}(i,j+1)}^{k+1}+\frac{2\mathrm{e}^{-\gamma_{\mathrm{f1D}}p_{\mathrm{Df1}(i,j-1/2)}^{k}}}{\left(y_{\mathrm{D}j+1}-y_{\mathrm{D}j-1}\right)\left(y_{\mathrm{D}j}-y_{\mathrm{D}j-1}\right)}p_{\mathrm{Df1}(i,j-1)}^{k+1}
$$

$$
=-\frac{\omega_{1}}{t_{\mathrm{D}}^{k+1}-t_{\mathrm{D}}^{k}}p_{\mathrm{Df1}(i,j)}^{k} \tag{5.4.17}
$$

式（5.4.17）中含有 $p_{\mathrm{Dm1}(i,j)}^{k+1}$ 项，需要利用相应的基质系统差分方程将其消去。对 I 区基质系统渗流微分方程进行差分，可得：

$$
p_{\mathrm{Dm1}(i,j)}^{k+1}=\frac{\lambda_{1}\left(t_{\mathrm{D}}^{k+1}-t_{\mathrm{D}}^{k}\right)}{\lambda_{1}\left(t_{\mathrm{D}}^{k+1}-t_{\mathrm{D}}^{k}\right)+\left(1-\omega_{1}\right)}p_{\mathrm{Df1}(i,j)}^{k+1}+\frac{1-\omega_{1}}{\lambda_{1}\left(t_{\mathrm{D}}^{k+1}-t_{\mathrm{D}}^{k}\right)+\left(1-\omega_{1}\right)}p_{\mathrm{Dm1}(i,j)}^{k} \tag{5.4.18}
$$

将式（5.4.18）代入式（5.4.17），可得到 I 区裂缝系统的最终差分方程为：

$$
\frac{2\mathrm{e}^{-\gamma_{\mathrm{f1D}}p_{\mathrm{Df1}(i+1/2,j)}^{k}}}{\left(x_{\mathrm{D}i+1}-x_{\mathrm{D}i-1}\right)\left(x_{\mathrm{D}i+1}-x_{\mathrm{D}i}\right)}p_{\mathrm{Df1}(i+1,j)}^{k+1}-\left[\frac{\omega_{1}}{t_{\mathrm{D}}^{k+1}-t_{\mathrm{D}}^{k}}+\frac{\lambda_{1}\left(1-\omega_{1}\right)}{\lambda_{1}\left(t_{\mathrm{D}}^{k+1}-t_{\mathrm{D}}^{k}\right)+\left(1-\omega_{1}\right)}\right.
$$

$$
+\frac{2\mathrm{e}^{-\gamma_{\mathrm{f1D}}p_{\mathrm{Df1}(i+1/2,j)}^{k}}}{\left(x_{\mathrm{D}i+1}-x_{\mathrm{D}i-1}\right)\left(x_{\mathrm{D}i+1}-x_{\mathrm{D}i}\right)}+\frac{2\mathrm{e}^{-\gamma_{\mathrm{f1D}}p_{\mathrm{Df1}(i-1/2,j)}^{k}}}{\left(x_{\mathrm{D}i+1}-x_{\mathrm{D}i-1}\right)\left(x_{\mathrm{D}i}-x_{\mathrm{D}i-1}\right)}
$$

$$
+\frac{2\mathrm{e}^{-\gamma_{\mathrm{f1D}}p_{\mathrm{Df1}(i,j+1/2)}^{k}}}{\left(y_{\mathrm{D}j+1}-y_{\mathrm{D}j-1}\right)\left(y_{\mathrm{D}j+1}-y_{\mathrm{D}j}\right)}+\frac{2\mathrm{e}^{-\gamma_{\mathrm{f1D}}p_{\mathrm{Df1}(i,j-1/2)}^{k}}}{\left(y_{\mathrm{D}j+1}-y_{\mathrm{D}j-1}\right)\left(y_{\mathrm{D}j}-y_{\mathrm{D}j-1}\right)}\right]p_{\mathrm{Df1}(i,j)}^{k+1}
$$

$$
+\frac{2\mathrm{e}^{-\gamma_{\mathrm{f1D}}p_{\mathrm{Df1}(i-1/2,j)}^{k}}}{\left(x_{\mathrm{D}i+1}-x_{\mathrm{D}i-1}\right)\left(x_{\mathrm{D}i}-x_{\mathrm{D}i-1}\right)}p_{\mathrm{Df1}(i-1,j)}^{k+1}+\frac{2\mathrm{e}^{-\gamma_{\mathrm{f1D}}p_{\mathrm{Df1}(i,j+1/2)}^{k}}}{\left(y_{\mathrm{D}j+1}-y_{\mathrm{D}j-1}\right)\left(y_{\mathrm{D}j+1}-y_{\mathrm{D}j}\right)}p_{\mathrm{Df1}(i,j+1)}^{k+1}
$$

$$
+\frac{2\mathrm{e}^{-\gamma_{\mathrm{f1D}}p_{\mathrm{Df1}(i,j-1/2)}^{k}}}{\left(y_{\mathrm{D}j+1}-y_{\mathrm{D}j-1}\right)\left(y_{\mathrm{D}j}-y_{\mathrm{D}j-1}\right)}p_{\mathrm{Df1}(i,j-1)}^{k+1}
$$

$$
=-\frac{\omega_{1}}{t_{\mathrm{D}}^{k+1}-t_{\mathrm{D}}^{k}}p_{\mathrm{Df1}(i,j)}^{k}-\frac{\lambda_{1}\left(1-\omega_{1}\right)}{\lambda_{1}\left(t_{\mathrm{D}}^{k+1}-t_{\mathrm{D}}^{k}\right)+\left(1-\omega_{1}\right)}p_{\mathrm{Dm1}(i,j)}^{k} \tag{5.4.19}
$$

考虑源汇项不为零，用类似的方法可得到井所在网格块的差分方程：

$$\frac{2\mathrm{e}^{-\gamma_{\mathrm{f1D}}p_{\mathrm{Df1}(i+1/2,j)}^{k}}}{\left(x_{\mathrm{D}i+1}-x_{\mathrm{D}i-1}\right)\left(x_{\mathrm{D}i+1}-x_{\mathrm{D}i}\right)}p_{\mathrm{Df1}(i+1,j)}^{k+1}-\left[\frac{\omega_{1}}{t_{\mathrm{D}}^{k+1}-t_{\mathrm{D}}^{k}}+\frac{\lambda_{1}\left(1-\omega_{1}\right)}{\lambda_{1}\left(t_{\mathrm{D}}^{k+1}-t_{\mathrm{D}}^{k}\right)+\left(1-\omega_{1}\right)}\right.$$

$$+\frac{2\mathrm{e}^{-\gamma_{\mathrm{f1D}}p_{\mathrm{Df1}(i+1/2,j)}^{k}}}{\left(x_{\mathrm{D}i+1}-x_{\mathrm{D}i-1}\right)\left(x_{\mathrm{D}i+1}-x_{\mathrm{D}i}\right)}+\frac{2\mathrm{e}^{-\gamma_{\mathrm{f1D}}p_{\mathrm{Df1}(i-1/2,j)}^{k}}}{\left(x_{\mathrm{D}i+1}-x_{\mathrm{D}i-1}\right)\left(x_{\mathrm{D}i}-x_{\mathrm{D}i-1}\right)}$$

$$\left.+\frac{2\mathrm{e}^{-\gamma_{\mathrm{f1D}}p_{\mathrm{Df1}(i,j+1/2)}^{k}}}{\left(y_{\mathrm{D}j+1}-y_{\mathrm{D}j-1}\right)\left(y_{\mathrm{D}j+1}-y_{\mathrm{D}j}\right)}+\frac{2\mathrm{e}^{-\gamma_{\mathrm{f1D}}p_{\mathrm{Df1}(i,j-1/2)}^{k}}}{\left(y_{\mathrm{D}j+1}-y_{\mathrm{D}j-1}\right)\left(y_{\mathrm{D}j}-y_{\mathrm{D}j-1}\right)}\right]p_{\mathrm{Df1}(i,j)}^{k+1}$$

$$+\frac{2\mathrm{e}^{-\gamma_{\mathrm{f1D}}p_{\mathrm{Df1}(i-1/2,j)}^{k}}}{\left(x_{\mathrm{D}i+1}-x_{\mathrm{D}i-1}\right)\left(x_{\mathrm{D}i}-x_{\mathrm{D}i-1}\right)}p_{\mathrm{Df1}(i-1,j)}^{k+1}+\frac{2\mathrm{e}^{-\gamma_{\mathrm{f1D}}p_{\mathrm{Df1}(i,j+1/2)}^{k}}}{\left(y_{\mathrm{D}j+1}-y_{\mathrm{D}j-1}\right)\left(y_{\mathrm{D}j+1}-y_{\mathrm{D}j}\right)}p_{\mathrm{Df1}(i,j+1)}^{k+1}$$

$$+\frac{2\mathrm{e}^{-\gamma_{\mathrm{f1D}}p_{\mathrm{Df1}(i,j-1/2)}^{k}}}{\left(y_{\mathrm{D}j+1}-y_{\mathrm{D}j-1}\right)\left(y_{\mathrm{D}j}-y_{\mathrm{D}j-1}\right)}p_{\mathrm{Df1}(i,j-1)}^{k+1}$$

$$=-\frac{\omega_{1}}{t_{\mathrm{D}}^{k+1}-t_{\mathrm{D}}^{k}}p_{\mathrm{Df1}(i,j)}^{k}-\frac{\lambda_{1}\left(1-\omega_{1}\right)}{\lambda_{1}\left(t_{\mathrm{D}}^{k+1}-t_{\mathrm{D}}^{k}\right)+\left(1-\omega_{1}\right)}p_{\mathrm{Dm1}(i,j)}^{k}-\frac{8\pi}{\left(x_{\mathrm{D}i+1}-x_{\mathrm{D}i-1}\right)\left(y_{\mathrm{D}j+1}-y_{\mathrm{D}j-1}\right)} \quad (5.4.20)$$

与式（5.4.19）相比，式（5.4.20）右端多了一项。式（5.4.20）右端第三项代表定产量气井的影响。

Ⅱ区和Ⅲ区由于不含井，对其渗流微分方程的差分处理要更简单一些。对Ⅱ区裂缝系统渗流微分方程进行差分，可得到：

$$\frac{2\mathrm{e}^{-\gamma_{\mathrm{f2D}}p_{\mathrm{Df2}(i+1/2,j)}^{k}}}{\left(x_{\mathrm{D}i+1}-x_{\mathrm{D}i-1}\right)\left(x_{\mathrm{D}i+1}-x_{\mathrm{D}i}\right)}p_{\mathrm{Df2}(i+1,j)}^{k+1}-\left[\frac{\omega_{2}}{\eta_{21}\left(t_{\mathrm{D}}^{k+1}-t_{\mathrm{D}}^{k}\right)}+\frac{2\mathrm{e}^{-\gamma_{\mathrm{f2D}}p_{\mathrm{Df2}(i+1/2,j)}^{k}}}{\left(x_{\mathrm{D}i+1}-x_{\mathrm{D}i-1}\right)\left(x_{\mathrm{D}i+1}-x_{\mathrm{D}i}\right)}\right.$$

$$+\frac{2\mathrm{e}^{-\gamma_{\mathrm{f2D}}p_{\mathrm{Df2}(i-1/2,j)}^{k}}}{\left(x_{\mathrm{D}i+1}-x_{\mathrm{D}i-1}\right)\left(x_{\mathrm{D}i}-x_{\mathrm{D}i-1}\right)}+\frac{2\mathrm{e}^{-\gamma_{\mathrm{f2D}}p_{\mathrm{Df2}(i,j+1/2)}^{k}}}{\left(y_{\mathrm{D}j+1}-y_{\mathrm{D}j-1}\right)\left(y_{\mathrm{D}j+1}-y_{\mathrm{D}j}\right)}$$

$$\left.+\frac{2\mathrm{e}^{-\gamma_{\mathrm{f2D}}p_{\mathrm{Df2}(i,j-1/2)}^{k}}}{\left(y_{\mathrm{D}j+1}-y_{\mathrm{D}j-1}\right)\left(y_{\mathrm{D}j}-y_{\mathrm{D}j-1}\right)}\right]p_{\mathrm{Df2}(i,j)}^{k+1}$$

$$-\lambda_{2}p_{\mathrm{Df2}(i,j)}^{k+1}+\lambda_{2}p_{\mathrm{Dm2}(i,j)}^{k+1}+\frac{2\mathrm{e}^{-\gamma_{\mathrm{f2D}}p_{\mathrm{Df2}(i-1/2,j)}^{k}}}{\left(x_{\mathrm{D}i+1}-x_{\mathrm{D}i-1}\right)\left(x_{\mathrm{D}i}-x_{\mathrm{D}i-1}\right)}p_{\mathrm{Df2}(i-1,j)}^{k+1}$$

$$+\frac{2\mathrm{e}^{-\gamma_{\mathrm{f2D}}p_{\mathrm{Df2}(i,j+1/2)}^{k}}}{\left(y_{\mathrm{D}j+1}-y_{\mathrm{D}j-1}\right)\left(y_{\mathrm{D}j+1}-y_{\mathrm{D}j}\right)}p_{\mathrm{Df2}(i,j+1)}^{k+1}+\frac{2\mathrm{e}^{-\gamma_{\mathrm{f2D}}p_{\mathrm{Df2}(i,j-1/2)}^{k}}}{\left(y_{\mathrm{D}j+1}-y_{\mathrm{D}j-1}\right)\left(y_{\mathrm{D}j}-y_{\mathrm{D}j-1}\right)}p_{\mathrm{Df2}(i,j-1)}^{k+1}$$

$$=-\frac{\omega_{2}}{\eta_{21}\left(t_{\mathrm{D}}^{k+1}-t_{\mathrm{D}}^{k}\right)}p_{\mathrm{Df2}(i,j)}^{k} \quad (5.4.21)$$

同样的，式（5.4.21）中的 $p_{\mathrm{Dm2}(i,j)}^{k+1}$ 需要利用相应的基质系统差分方程将其消去。

对Ⅱ区基质系统渗流微分方程进行差分，可得：

$$p_{\mathrm{Dm2}(i,j)}^{k+1}=\frac{\lambda_{2}\eta_{21}\left(t_{\mathrm{D}}^{k+1}-t_{\mathrm{D}}^{k}\right)}{\lambda_{2}\eta_{21}\left(t_{\mathrm{D}}^{k+1}-t_{\mathrm{D}}^{k}\right)+\left(1-\omega_{2}\right)}p_{\mathrm{Df2}(i,j)}^{k+1}+\frac{1-\omega_{2}}{\lambda_{2}\eta_{21}\left(t_{\mathrm{D}}^{k+1}-t_{\mathrm{D}}^{k}\right)+\left(1-\omega_{2}\right)}p_{\mathrm{Dm2}(i,j)}^{k} \quad (5.4.22)$$

将式（5.4.22）代入式（5.4.21），可得到Ⅱ区裂缝系统的最终差分方程为：

$$
\begin{aligned}
&\frac{2\mathrm{e}^{-\gamma_{\mathrm{f2D}}p_{\mathrm{Df2}(i+1/2,j)}^{k}}}{\left(x_{\mathrm{D}i+1}-x_{\mathrm{D}i-1}\right)\left(x_{\mathrm{D}i+1}-x_{\mathrm{D}i}\right)}p_{\mathrm{Df2}(i+1,j)}^{k+1}-\left[\frac{\omega_2}{\eta_{21}\left(t_{\mathrm{D}}^{k+1}-t_{\mathrm{D}}^{k}\right)}+\frac{\lambda_2\left(1-\omega_2\right)}{\lambda_2\eta_{21}\left(t_{\mathrm{D}}^{k+1}-t_{\mathrm{D}}^{k}\right)+\left(1-\omega_2\right)}\right.\\
&+\frac{2\mathrm{e}^{-\gamma_{\mathrm{f2D}}p_{\mathrm{Df2}(i+1/2,j)}^{k}}}{\left(x_{\mathrm{D}i+1}-x_{\mathrm{D}i-1}\right)\left(x_{\mathrm{D}i+1}-x_{\mathrm{D}i}\right)}+\frac{2\mathrm{e}^{-\gamma_{\mathrm{f2D}}p_{\mathrm{Df2}(i-1/2,j)}^{k}}}{\left(x_{\mathrm{D}i+1}-x_{\mathrm{D}i-1}\right)\left(x_{\mathrm{D}i}-x_{\mathrm{D}i-1}\right)}\\
&\left.+\frac{2\mathrm{e}^{-\gamma_{\mathrm{f2D}}p_{\mathrm{Df2}(i,j+1/2)}^{k}}}{\left(y_{\mathrm{D}j+1}-y_{\mathrm{D}j-1}\right)\left(y_{\mathrm{D}j+1}-y_{\mathrm{D}j}\right)}+\frac{2\mathrm{e}^{-\gamma_{\mathrm{f2D}}p_{\mathrm{Df2}(i,j-1/2)}^{k}}}{\left(y_{\mathrm{D}j+1}-y_{\mathrm{D}j-1}\right)\left(y_{\mathrm{D}j}-y_{\mathrm{D}j-1}\right)}\right]p_{\mathrm{Df2}(i,j)}^{k+1}\\
&+\frac{2\mathrm{e}^{-\gamma_{\mathrm{f2D}}p_{\mathrm{Df2}(i-1/2,j)}^{k}}}{\left(x_{\mathrm{D}i+1}-x_{\mathrm{D}i-1}\right)\left(x_{\mathrm{D}i}-x_{\mathrm{D}i-1}\right)}p_{\mathrm{Df2}(i-1,j)}^{k+1}+\frac{2\mathrm{e}^{-\gamma_{\mathrm{f2D}}p_{\mathrm{Df2}(i,j+1/2)}^{k}}}{\left(y_{\mathrm{D}j+1}-y_{\mathrm{D}j-1}\right)\left(y_{\mathrm{D}j+1}-y_{\mathrm{D}j}\right)}p_{\mathrm{Df2}(i,j+1)}^{k+1}\\
&+\frac{2\mathrm{e}^{-\gamma_{\mathrm{f2D}}p_{\mathrm{Df2}(i,j-1/2)}^{k}}}{\left(y_{\mathrm{D}j+1}-y_{\mathrm{D}j-1}\right)\left(y_{\mathrm{D}j}-y_{\mathrm{D}j-1}\right)}p_{\mathrm{Df2}(i,j-1)}^{k+1}\\
&=-\frac{\omega_2}{\eta_{21}\left(t_{\mathrm{D}}^{k+1}-t_{\mathrm{D}}^{k}\right)}p_{\mathrm{Df2}(i,j)}^{k}-\frac{\lambda_2\left(1-\omega_2\right)}{\lambda_2\eta_{21}\left(t_{\mathrm{D}}^{k+1}-t_{\mathrm{D}}^{k}\right)+\left(1-\omega_2\right)}p_{\mathrm{Dm2}(i,j)}^{k}
\end{aligned}
\tag{5.4.23}
$$

同理，对Ⅲ区裂缝系统渗流微分方程进行差分，可得到：

$$
\begin{aligned}
&\frac{2\mathrm{e}^{-\gamma_{\mathrm{f3D}}p_{\mathrm{Df3}(i+1/2,j)}^{k}}}{\left(x_{\mathrm{D}i+1}-x_{\mathrm{D}i-1}\right)\left(x_{\mathrm{D}i+1}-x_{\mathrm{D}i}\right)}p_{\mathrm{Df3}(i+1,j)}^{k+1}-\left[\frac{\omega_3}{\eta_{31}\left(t_{\mathrm{D}}^{k+1}-t_{\mathrm{D}}^{k}\right)}+\frac{2\mathrm{e}^{-\gamma_{\mathrm{f3D}}p_{\mathrm{Df3}(i+1/2,j)}^{k}}}{\left(x_{\mathrm{D}i+1}-x_{\mathrm{D}i-1}\right)\left(x_{\mathrm{D}i+1}-x_{\mathrm{D}i}\right)}\right.\\
&+\frac{2\mathrm{e}^{-\gamma_{\mathrm{f3D}}p_{\mathrm{Df3}(i-1/2,j)}^{k}}}{\left(x_{\mathrm{D}i+1}-x_{\mathrm{D}i-1}\right)\left(x_{\mathrm{D}i}-x_{\mathrm{D}i-1}\right)}+\frac{2\mathrm{e}^{-\gamma_{\mathrm{f3D}}p_{\mathrm{Df3}(i,j+1/2)}^{k}}}{\left(y_{\mathrm{D}j+1}-y_{\mathrm{D}j-1}\right)\left(y_{\mathrm{D}j+1}-y_{\mathrm{D}j}\right)}\\
&\left.+\frac{2\mathrm{e}^{-\gamma_{\mathrm{f3D}}p_{\mathrm{Df3}(i,j-1/2)}^{k}}}{\left(y_{\mathrm{D}j+1}-y_{\mathrm{D}j-1}\right)\left(y_{\mathrm{D}j}-y_{\mathrm{D}j-1}\right)}\right]p_{\mathrm{Df3}(i,j)}^{k+1}\\
&-\lambda_3p_{\mathrm{Df3}(i,j)}^{k+1}+\lambda_3p_{\mathrm{Dm3}(i,j)}^{k+1}+\frac{2\mathrm{e}^{-\gamma_{\mathrm{f3D}}p_{\mathrm{Df3}(i-1/2,j)}^{k}}}{\left(x_{\mathrm{D}i+1}-x_{\mathrm{D}i-1}\right)\left(x_{\mathrm{D}i}-x_{\mathrm{D}i-1}\right)}p_{\mathrm{Df3}(i-1,j)}^{k+1}\\
&+\frac{2\mathrm{e}^{-\gamma_{\mathrm{f3D}}p_{\mathrm{Df3}(i,j+1/2)}^{k}}}{\left(y_{\mathrm{D}j+1}-y_{\mathrm{D}j-1}\right)\left(y_{\mathrm{D}j+1}-y_{\mathrm{D}j}\right)}p_{\mathrm{Df3}(i,j+1)}^{k+1}+\frac{2\mathrm{e}^{-\gamma_{\mathrm{f3D}}p_{\mathrm{Df3}(i,j-1/2)}^{k}}}{\left(y_{\mathrm{D}j+1}-y_{\mathrm{D}j-1}\right)\left(y_{\mathrm{D}j}-y_{\mathrm{D}j-1}\right)}p_{\mathrm{Df3}(i,j-1)}^{k+1}\\
&=-\frac{\omega_3}{\eta_{31}\left(t_{\mathrm{D}}^{k+1}-t_{\mathrm{D}}^{k}\right)}p_{\mathrm{Df3}(i,j)}^{k}
\end{aligned}
\tag{5.4.24}
$$

同样的，式（5.4.24）中的 $p_{\mathrm{Dm3}(i,j)}^{k+1}$ 需要利用相应的基质系统差分方程将其消去。对Ⅲ区基质系统渗流微分方程进行差分，可得：

$$
p_{\mathrm{Dm3}(i,j)}^{k+1}=\frac{\lambda_3\eta_{31}\left(t_{\mathrm{D}}^{k+1}-t_{\mathrm{D}}^{k}\right)}{\lambda_3\eta_{31}\left(t_{\mathrm{D}}^{k+1}-t_{\mathrm{D}}^{k}\right)+\left(1-\omega_3\right)}p_{\mathrm{Df3}(i,j)}^{k+1}+\frac{1-\omega_3}{\lambda_3\eta_{31}\left(t_{\mathrm{D}}^{k+1}-t_{\mathrm{D}}^{k}\right)+\left(1-\omega_3\right)}p_{\mathrm{Dm3}(i,j)}^{k}
\tag{5.4.25}
$$

将式（5.4.25）代入式（5.4.24），可得到Ⅲ区裂缝系统的最终差分方程为：

$$\frac{2\mathrm{e}^{-\gamma_{\mathrm{f3D}}p_{\mathrm{Df3}(i+1/2,j)}^{k}}}{\left(x_{\mathrm{D}i+1}-x_{\mathrm{D}i-1}\right)\left(x_{\mathrm{D}i+1}-x_{\mathrm{D}i}\right)}p_{\mathrm{Df3}(i+1,j)}^{k+1}-\left[\frac{\omega_{3}}{\eta_{31}\left(t_{\mathrm{D}}^{k+1}-t_{\mathrm{D}}^{k}\right)}+\frac{\lambda_{3}\left(1-\omega_{3}\right)}{\lambda_{3}\eta_{31}\left(t_{\mathrm{D}}^{k+1}-t_{\mathrm{D}}^{k}\right)+\left(1-\omega_{3}\right)}\right.$$

$$+\frac{2\mathrm{e}^{-\gamma_{\mathrm{f3D}}p_{\mathrm{Df3}(i+1/2,j)}^{k}}}{\left(x_{\mathrm{D}i+1}-x_{\mathrm{D}i-1}\right)\left(x_{\mathrm{D}i+1}-x_{\mathrm{D}i}\right)}+\frac{2\mathrm{e}^{-\gamma_{\mathrm{f3D}}p_{\mathrm{Df3}(i-1/2,j)}^{k}}}{\left(x_{\mathrm{D}i+1}-x_{\mathrm{D}i-1}\right)\left(x_{\mathrm{D}i}-x_{\mathrm{D}i-1}\right)}$$

$$\left.+\frac{2\mathrm{e}^{-\gamma_{\mathrm{f3D}}p_{\mathrm{Df3}(i,j+1/2)}^{k}}}{\left(y_{\mathrm{D}j+1}-y_{\mathrm{D}j-1}\right)\left(y_{\mathrm{D}j+1}-y_{\mathrm{D}j}\right)}+\frac{2\mathrm{e}^{-\gamma_{\mathrm{f3D}}p_{\mathrm{Df3}(i,j-1/2)}^{k}}}{\left(y_{\mathrm{D}j+1}-y_{\mathrm{D}j-1}\right)\left(y_{\mathrm{D}j}-y_{\mathrm{D}j-1}\right)}\right]p_{\mathrm{Df3}(i,j)}^{k+1}$$

$$+\frac{2\mathrm{e}^{-\gamma_{\mathrm{f3D}}p_{\mathrm{Df3}(i-1/2,j)}^{k}}}{\left(x_{\mathrm{D}i+1}-x_{\mathrm{D}i-1}\right)\left(x_{\mathrm{D}i}-x_{\mathrm{D}i-1}\right)}p_{\mathrm{Df3}(i-1,j)}^{k+1}+\frac{2\mathrm{e}^{-\gamma_{\mathrm{f3D}}p_{\mathrm{Df3}(i,j+1/2)}^{k}}}{\left(y_{\mathrm{D}j+1}-y_{\mathrm{D}j-1}\right)\left(y_{\mathrm{D}j+1}-y_{\mathrm{D}j}\right)}p_{\mathrm{Df3}(i,j+1)}^{k+1}$$

$$+\frac{2\mathrm{e}^{-\gamma_{\mathrm{f3D}}p_{\mathrm{Df3}(i,j-1/2)}^{k}}}{\left(y_{\mathrm{D}j+1}-y_{\mathrm{D}j-1}\right)\left(y_{\mathrm{D}j}-y_{\mathrm{D}j-1}\right)}p_{\mathrm{Df3}(i,j-1)}^{k+1}$$

$$=-\frac{\omega_{3}}{\eta_{31}\left(t_{\mathrm{D}}^{k+1}-t_{\mathrm{D}}^{k}\right)}p_{\mathrm{Df3}(i,j)}^{k}-\frac{\lambda_{3}\left(1-\omega_{3}\right)}{\lambda_{3}\eta_{31}\left(t_{\mathrm{D}}^{k+1}-t_{\mathrm{D}}^{k}\right)+\left(1-\omega_{3}\right)}p_{\mathrm{Dm3}(i,j)}^{k} \qquad (5.4.26)$$

式（5.4.19）、式（5.4.20）、式（5.4.23）和式（5.4.26）即为裂缝系统渗流微分方程的差分形式，式（5.4.18）、式（5.4.22）和式（5.4.25）为基质系统渗流微分方程的差分形式。

初始条件的差分格式为：

$$p_{\mathrm{Df1}(i,j)}^{0}=p_{\mathrm{Df2}(i,j)}^{0}=p_{\mathrm{Df3}(i,j)}^{0}=0 \qquad (5.4.27)$$

$$p_{\mathrm{Dm1}(i,j)}^{0}=p_{\mathrm{Dm2}(i,j)}^{0}=p_{\mathrm{Dm3}(i,j)}^{0}=0 \qquad (5.4.28)$$

x 方向外边界条件的差分格式为：

$$p_{\mathrm{Df3}(N_{x},j)}^{k+1}=0 \qquad (5.4.29)$$

$$p_{\mathrm{Df2}(1,j)}^{k+1}=0 \qquad (5.4.30)$$

y 方向外边界条件的差分格式为：

$$p_{\mathrm{Df1}(i,2)}^{k+1}-p_{\mathrm{Df1}(i,1)}^{k+1}=0 \qquad (5.4.31)$$

$$p_{\mathrm{Df2}(i,2)}^{k+1}-p_{\mathrm{Df2}(i,1)}^{k+1}=0 \qquad (5.4.32)$$

$$p_{\mathrm{Df3}(i,2)}^{k+1}-p_{\mathrm{Df3}(i,1)}^{k+1}=0 \qquad (5.4.33)$$

$$p_{\mathrm{Df1}(i,N_{y})}^{k+1}-p_{\mathrm{Df1}(i,N_{y}-1)}^{k+1}=0 \qquad (5.4.34)$$

$$p_{\mathrm{Df2}(i,N_{y})}^{k+1}-p_{\mathrm{Df2}(i,N_{y}-1)}^{k+1}=0 \qquad (5.4.35)$$

$$p_{\mathrm{Df3}(i,N_{y})}^{k+1}-p_{\mathrm{Df3}(i,N_{y}-1)}^{k+1}=0 \qquad (5.4.36)$$

对两个不连续界面处的连续条件进行差分，可得到：

$$\frac{\mathrm{e}^{-\gamma_{\mathrm{f1D}}p_{\mathrm{Df1}(i+1/2,\,j)}^{k}}}{x_{\mathrm{D}i+1}-x_{\mathrm{D}i}}p_{\mathrm{Df1}(i+1,j)}^{k+1}-\left[\frac{\mathrm{e}^{-\gamma_{\mathrm{f1D}}p_{\mathrm{Df1}(i+1/2,\,j)}^{k}}}{x_{\mathrm{D}i+1}-x_{\mathrm{D}i}}+\frac{M_{21}h_{21}\mathrm{e}^{-\gamma_{\mathrm{f2D}}p_{\mathrm{Df2}(i-1/2,\,j)}^{k}}}{x_{\mathrm{D}i}-x_{\mathrm{D}i-1}}\right]p_{\mathrm{Df1}(i,j)}^{k+1}$$

$$+\frac{M_{21}h_{21}\mathrm{e}^{-\gamma_{\mathrm{f2D}}p_{\mathrm{Df2}(i-1/2,\,j)}^{k}}}{x_{\mathrm{D}i}-x_{\mathrm{D}i-1}}p_{\mathrm{Df2}(i-1,j)}^{k+1}=0 \tag{5.4.37}$$

$$\frac{M_{31}h_{31}\mathrm{e}^{-\gamma_{\mathrm{f3D}}p_{\mathrm{Df3}(i+1/2,\,j)}^{k}}}{x_{\mathrm{D}i+1}-x_{\mathrm{D}i}}p_{\mathrm{Df3}(i+1,j)}^{k+1}-\left[\frac{M_{31}h_{31}\mathrm{e}^{-\gamma_{\mathrm{f3D}}p_{\mathrm{Df3}(i+1/2,\,j)}^{k}}}{x_{\mathrm{D}i+1}-x_{\mathrm{D}i}}+\frac{\mathrm{e}^{-\gamma_{\mathrm{f1D}}p_{\mathrm{Df1}(i-1/2,\,j)}^{k}}}{x_{\mathrm{D}i}-x_{\mathrm{D}i-1}}\right]p_{\mathrm{Df1}(i,j)}^{k+1}$$

$$+\frac{\mathrm{e}^{-\gamma_{\mathrm{f1D}}p_{\mathrm{Df1}(i-1/2,\,j)}^{k}}}{x_{\mathrm{D}i}-x_{\mathrm{D}i-1}}p_{\mathrm{Df1}(i-1,j)}^{k+1}=0 \tag{5.4.38}$$

式中，$\quad p_{\mathrm{Df}l(i+1/2,j)}^{k}=\dfrac{p_{\mathrm{Df}l(i,j)}^{k}+p_{\mathrm{Df}l(i+1,j)}^{k}}{2}$；

$$p_{\mathrm{Df}l(i-1/2,j)}^{k}=\frac{p_{\mathrm{Df}l(i,j)}^{k}+p_{\mathrm{Df}l(i-1,j)}^{k}}{2}；$$

$$p_{\mathrm{Df}l(i,j+1/2)}^{k}=\frac{p_{\mathrm{Df}l(i,j)}^{k}+p_{\mathrm{Df}l(i,j+1)}^{k}}{2}；$$

$$p_{\mathrm{Df}l(i,j-1/2)}^{k}=\frac{p_{\mathrm{Df}l(i,j)}^{k}+p_{\mathrm{Df}l(i,j-1)}^{k}}{2}，\quad l=1，2，3。$$

从上述差分结果可看出，对于某一给定的时刻 k，式（5.4.19）、式（5.4.20）、式（5.4.23）和式（5.4.26）至式（5.4.38）组成了一个封闭的线性方程组，方程组的系数矩阵也为五对角的带状稀疏矩阵。利用 Orthomin 方法编程求解该线性方程组，可得到 $k+1$ 时刻各区域裂缝系统的压力分布。代入式（5.4.18）、式（5.4.22）和式（5.4.25），就可求得 $k+1$ 时刻各区域基质系统的压力分布。

当求取得到各节点压力之后，采用类似于本章第一节中井底流压的求取方法，即可推导得到考虑裂缝系统应力敏感、井储和表皮效应影响的井底流压的计算式如下：

$$\frac{\mathrm{e}^{-\gamma_{\mathrm{f1D}}p_{\mathrm{Df1}(i,j)}}-\mathrm{e}^{-\gamma_{\mathrm{f1D}}p_{\mathrm{wfD}}}}{\ln r_{\mathrm{eqD}}+S}=\gamma_{\mathrm{f1D}}\left(1-C_{\mathrm{D}}\frac{\mathrm{d}p_{\mathrm{wfD}}}{\mathrm{d}t_{\mathrm{D}}}\right) \tag{5.4.39}$$

对上式进行差分，可得到：

$$C_{\mathrm{D}}\frac{p_{\mathrm{wfD}}^{k+1}-p_{\mathrm{wfD}}^{k}}{t_{\mathrm{D}}^{k+1}-t_{\mathrm{D}}^{k}}+\frac{\mathrm{e}^{-\gamma_{\mathrm{f1D}}p_{\mathrm{Df1}(i,j)}^{k+1}}-\mathrm{e}^{-\gamma_{\mathrm{f1D}}p_{\mathrm{wfD}}^{k+1}}}{\gamma_{\mathrm{f1D}}\left(\ln r_{\mathrm{eqD}}+S\right)}=1 \tag{5.4.40}$$

求得 $k+1$ 时刻井点所在网格节点的裂缝压力 $p_{\mathrm{Df1}(i,\,j)}$ 后，再结合式（5.4.40），利用牛顿迭代法即可求得 $k+1$ 时刻的井底流压值。

三、双重介质压敏性三区线性复合气藏典型曲线特征分析

与第三章第四节相比，本节推导的模型中多了描述裂缝系统渗透率应力敏感程度的参数 γ_{f1D}、γ_{f2D} 和 γ_{f3D}，其他参数对典型曲线特征的影响与第三章第四节相同，故此处只讨论无

因次裂缝渗透率模量 γ_{f1D}、γ_{f2D} 和 γ_{f3D} 对典型曲线形态的影响。

图 5.4.2 至图 5.4.4 是当 I 区、II 区和 III 区裂缝系统渗透率模量相等时（$\gamma_{f1D}=\gamma_{f2D}=\gamma_{f3D}$），压敏性三区线性复合双重介质气藏井底压力动态的变化曲线。从图中可以看出，当考虑裂缝系统渗透率应力敏感性的影响时，压力及压力导数曲线从井储阶段末期开始上翘，

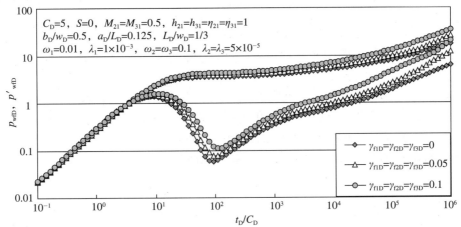

图 5.4.2 渗透率模量对典型曲线的影响——II、III区物性变差（$\gamma_{f1D}=\gamma_{f2D}=\gamma_{f3D}$，$a_D < b_D$）

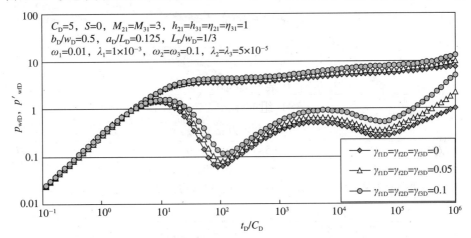

图 5.4.3 渗透率模量对典型曲线的影响——II、III区物性变好（$\gamma_{f1D}=\gamma_{f2D}=\gamma_{f3D}$，$a_D < b_D$）

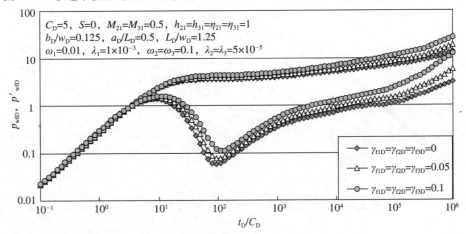

图 5.4.4 渗透率模量对典型曲线的影响——II、III区物性变差（$\gamma_{f1D}=\gamma_{f2D}=\gamma_{f3D}$，$a_D > b_D$）

压力导数曲线上反映基质系统向裂缝系统窜流的"凹子"的位置也相应变高。裂缝系统无因次渗透率模量越大，曲线上翘越明显，反映了由于应力敏感性的存在，流体在地层中流动所消耗的压降更大。由于应力敏感性的影响，晚期总系统线性流在压力导数曲线上表现为斜率大于1/2的曲线，无因次裂缝系统渗透率模量越大，曲线偏离斜率1/2直线越明显。

图5.4.5至图5.4.7是当Ⅰ区和Ⅱ区、Ⅲ区裂缝系统渗透率模量不相等时（$\gamma_{f1D} \neq \gamma_{f2D} = \gamma_{f3D}$），压敏性三区线性复合双重介质气藏井底压力动态的变化曲线。从图中可以看出，与不存在应力敏感情况（$\gamma_{f1D} = \gamma_{f2D} = \gamma_{f3D} = 0$）相比，当Ⅰ区裂缝系统渗透率模量不为零而Ⅱ区、Ⅲ区裂缝系统渗透率模量为零时，无因次压力及压力导数曲线表现出了明显的上翘。而当Ⅰ区裂缝系统渗透率模量为零时，即使Ⅱ区、Ⅲ区裂缝系统渗透率模量取较大值，应力敏感对典型曲线的影响主要表现在晚期，即近井地带储层性质对井底压力动态的影响更明显，当测试时间较短时，远井区域的应力敏感性基本表现不出来。

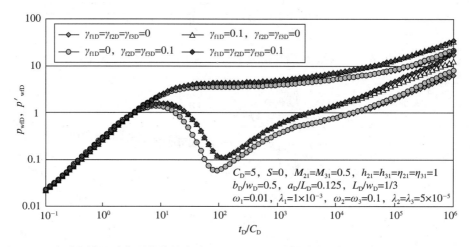

图5.4.5　渗透率模量对典型曲线的影响——Ⅱ、Ⅲ区物性变差（$\gamma_{f1D} \neq \gamma_{f2D} = \gamma_{f3D}$，$a_D < b_D$）

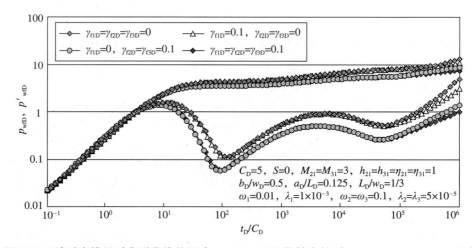

图5.4.6　渗透率模量对典型曲线的影响——Ⅱ、Ⅲ区物性变好（$\gamma_{f1D} \neq \gamma_{f2D} = \gamma_{f3D}$，$a_D < b_D$）

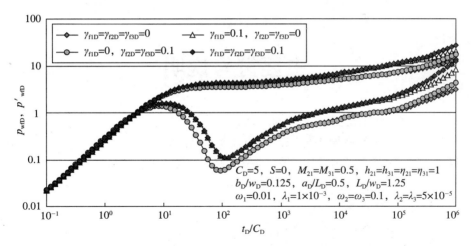

图 5.4.7　渗透率模量对典型曲线的影响——Ⅱ、Ⅲ区物性变差（$\gamma_{f1D} \neq \gamma_{f2D}=\gamma_{f3D}$，$a_D > b_D$）

主要符号说明

(a, b) ——条带状地层中井点坐标，m；

(a_D, b_D) ——条带状地层中无因次井点坐标，无因次；

b ——与气体分子平均自由程和渗流通道半径有关的常数，Pa；

B_g ——气体体积系数，m³/m³；

C ——井筒储集常数，m³/Pa；

C_D ——无因次井筒储集常数，无因次；

C_{fg} ——裂缝中气体压缩系数，Pa⁻¹；

C_{fgi} ——原始地层压力温度条件下裂缝中气体压缩系数，Pa⁻¹；

C_g ——气体等温压缩系数，Pa⁻¹；

$\bar{C}_g$ ——平均压力下的气体等温压缩系数，Pa⁻¹；

C_{gi} ——原始地层压力温度条件下的气体压缩系数，Pa⁻¹；

C_{mg} ——基质中气体压缩系数，Pa⁻¹；

C_{mgi} ——原始地层压力条件下基质系统中气体压缩系数，Pa⁻¹；

C_{wb} ——井筒内气体压缩系数，Pa⁻¹；

$F（）$ ——有限傅里叶余弦变换函数；

g ——重力加速度，取值 9.8m/s²；

h ——储层厚度，m；

$H(x)$ ——单位阶跃函数；

h_D ——厚度比，无因次；

h_{21}, h_{31} ——厚度比，无因次；

$I_0(x)$, $I_1(x)$ ——零阶和一阶第一类虚宗量 Bessel 函数；

$K_0(x)$, $K_1(x)$ ——零阶和一阶第二类虚宗量 Bessel 函数；

i ——差分模型中，表示径向（径向复合模型中）或 x 方向（线性复合模型中）节点位置；

j ——差分模型中，表示 y 方向节点位置；

K ——储层渗透率，m²；

$K(\bar{p})$ ——考虑滑脱效应时，修正后的气体渗透率，m²；

K_0 ——压敏性储层初始渗透率，m²；

K_f ——裂缝渗透率，m²；

K_{f0} ——压敏性储层裂缝初始渗透率，m²；

K_m ——基质渗透率，m²；

K_r ——径向渗透率，m²；

K_s ——污染带地层渗透率，m²；

K_x —— x 方向渗透率分量，m²；

K_y —— y 方向渗透率分量，m²；

K_z——z 方向渗透率分量，m^2；

l——线性渗流距离，m；

L——三区线性复合地层中，Ⅰ区地层长度，m；

$L(\ )$——拉普拉斯变换函数；

L_D——三区线性复合地层中，Ⅰ区地层无因次长度，无因次；

m——有限傅里叶余弦变换变量；

M——气体摩尔质量（第一章），kg/mol 或流度比，无因次；

m'——压敏因子；

m'_f——裂缝压敏因子；

M_{21}，M_{31}——流度比，无因次；

n——气体物质的量，mol；

N——Stehfest 数值反演参数；

NT——差分模型中，总时间步长数；

N_x——差分模型中，x 方向离散节点总数；

N_y——差分模型中，y 方向离散节点总数；

p——气藏中任意一点的压力，Pa；

p_0——计算拟压力时的参考压力，Pa；

$\bar{p}$——渗流平均压力，等于渗流通道两端压力的平均值，Pa；

p_D——无因次拟压力，无因次；

p'_D——无因次拟压力导数，无因次；

p_{Df}——无因次裂缝拟压力，无因次；

p_{Dm}——无因次基质拟压力，无因次；

p_f——裂缝压力，Pa；

p_m——基质压力，Pa；

p_{sc}——标况下压力，Pa；

$\bar{p}_{wD}$——未考虑井储和表皮效应影响的拉普拉斯—傅里叶空间内无因次井底压力；

p_{wf}——井底流压，Pa；

p_{wfD}——无因次井底拟压力，无因次；

$\bar{p}_{wfD}$——考虑井储和表皮效应影响的拉普拉斯—傅里叶空间内无因次井底压力；

q^*——双重介质模型中，单位体积岩石中单位时间内基质向裂缝的窜流量，$kg/(s \cdot m^3)$；

q_{sc}——气井标准状况下的产量，m^3/s；

q_{sf}——岩面流量，m^3/s；

r——径向距离，m；

R——普适气体常数，8.314Pa·m^3/（mol·K）；

r_D——无因次径向距离，无因次；

r_{jD}——多区径向复合气藏中，第 j 区无因次外半径，无因次；

r_s——污染带半径，m；

r_w——井径，m；

r_{we}——有效井径，m；

r_{eq}——差分模型井处理时，等效网格块边界半径，m；

r_{eqD}——无因次等效网格块边界半径，无因次；

s——基于 x_D 的拉普拉斯变量；

S——表皮系数，无因次；

t——时间，s；

T——绝对温度，K；

t_D——无因次时间，无因次；

T_{sc}——标准状况下的温度，K；

u——基于 t_D/C_D 或 t_D 的拉普拉斯变换变量；

v——渗流速度，m/s；

v_f——裂缝中气体渗流速度，m/s；

v_m——基质中气体渗流速度，m/s；

v_r——径向渗流速度，m/s；

v_x——x 方向渗流速度，m/s；

v_y——y 方向渗流速度，m/s；

v_z——z 方向渗流速度，m/s；

V——体积，m^3；

V_{wb}——井筒体积，m^3；

w——条带状地层宽度，m；

w_D——无因次条带状地层宽度，无因次；

x，y，z——空间坐标，m；

x_D，y_D——无因次空间坐标，无因次；

x_{Di}，y_{Dj}——无因次离散节点节点位置，无因次；

Z——气体偏差因子，无因次；

α——双孔介质形状因子，m^{-2}；

β——描述孔隙介质紊流影响的系数，称为非达西流 β 因子，m^{-1}；

γ——指数式模型中渗透率模量，Pa^{-1}；

γ_f——指数式模型中裂缝渗透率模量，Pa^{-1}；

γ_D——无因次渗透率模量，无因次；

γ_{fD}——无因次裂缝渗透率模量，无因次；

δ——层流—惯性—紊流修正系数，无因次；

$\delta(x)$——δ 函数，代表定产量生产井；

Δp——压差，Pa；

Δt——持续时间或关井压力恢复时间，s；

ΔV——井筒中流体体积变化，m^3；

Δx_D——径向复合模型中，差分模型空间步长；

$\Delta \Psi'$——拟压力导数，$Pa^2/(Pa \cdot s)$；

$\Delta \Psi_1$——不存在地层污染时，从半径为 r_s 处到井底 r_w 处的拟压力降，$Pa^2/(Pa \cdot s)$；

$\Delta \Psi_2$——存在地层污染时，从半径为 r_s 处到井底 r_w 处的拟压力降，$Pa^2/(Pa \cdot s)$；

$\Delta\varPsi_s$——由于地层污染所引起的附加拟压力降，$Pa^2/(Pa \cdot s)$；

η_{Dj}——径向复合模型中导压系数比，无因次；

η_{21}，η_{31}——线性复合模型中导压系数比，无因次；

λ——窜流系数，双孔介质特征参数，无因次；

μ——黏度，$Pa \cdot s$；

μ_i——原始地层压力温度条件下的黏度，$Pa \cdot s$；

$\bar{\mu}$——平均压力下的黏度，$Pa \cdot s$；

ρ——密度，kg/m^3；

ρ_f——裂缝中天然气密度，kg/m^3；

ρ_m——基质中天然气密度，kg/m^3；

ϕ——孔隙度，分数；

ϕ_f——裂缝孔隙度，分数；

ϕ_m——基质孔隙度，分数；

$\varPsi$——真实气体拟压力，$Pa^2/(Pa \cdot s)$；

$\varPsi_f$——裂缝系统拟压力，$Pa^2/(Pa \cdot s)$；

$\varPsi_i$——原始地层压力对应的拟压力，$Pa^2/(Pa \cdot s)$；

$\varPsi_m$——基质系统拟压力，$Pa^2/(Pa \cdot s)$；

$\varPsi_{wf}$——井底流压对应的拟压力，$Pa^2/(Pa \cdot s)$；

$\varPsi_{wf1}$——不存在地层污染时井底流压对应的拟压力，$Pa^2/(Pa \cdot s)$；

$\varPsi_{wf2}$——存在地层污染时井底流压对应的拟压力，$Pa^2/(Pa \cdot s)$；

ω——弹性储容比，双孔介质特征参数，无因次；

$^{-}$——拉普拉斯变换后变量；

$^{\wedge}$——有限傅里叶余弦变换后变量；

∇——Halmilton 梯度算子，$\nabla = \dfrac{\partial(\ )}{\partial x}i + \dfrac{\partial(\ )}{\partial y}j + \dfrac{\partial(\ )}{\partial z}k$；

$\nabla \cdot$——散度算子；

∇^2——拉普拉斯算子；

∇p——压力梯度，Pa/m。

参 考 文 献

[1] 孔祥言.高等渗流力学.合肥：中国科学技术大学出版社，1999.

[2] 韩大匡，陈钦雷，闫存章.油藏数值模拟基础.北京：石油工业出版社，1993.

[3] 布尔特.现代试井解释模型及应用.张义堂，李贵恩，高朝阳，等译.北京：石油工业出版社，2007.

[4] Agarwal R G, Al-Hussainy R, Ramey H J.An Investigation of Wellbore Storage and Skin Effect in Unsteady Liquid Flow：Analytical Treatment. SPEJ, 1970, 10 (3)：279-290.

[5] Bourdet D, et al. A New Set of Type-Curves Simplifies Well Test Analysis. World Oil, 1983：95-106.

[6] van-Everdingen A F, Hurst W. The Application of the Laplace Transformation to Flow Problem in Reservoirs. Journal of Petroleum Technology, 1949, 1 (12)：305-324.

[7] Vela S, Mckinley R M. How Areal Heterogeneities Affect Pulse-Test Results. SPEJ, 1970, 10 (2)：181-191.

[8] Barenblatt G I, Zheltov IP, Kochina I N. Basic Concepts in the Theory of Homogeneous Liquids in Fissured Rocks. Journal of Applied Mathematics, 1960, 24 (5)：852-864.

[9] Warren J E, Root P J. The Behavior of Naturally Fractured Reservoirs. SPEJ, 1963, 3 (3)：245-255.

[10] Loucks T L, Guerrero E T. Pressure Drop in a Composite Reservoir. SPEJ, 1961, 1 (3)：170-176.

[11] Barua J, Horne R N. Computerized Analysis of Thermal Recovery Well Test Data. SPEFE, 1984, 2 (4)：560-566.

[12] Acosta L G, Amabastha A K. Thermal Well Test Analysis Using an Analytical Multi-Regions Composite Reservoir Model. SPE 28422.

[13] Abbaszadeh M, Kamal M M. Pressure-Transient Testing of Water-Injection Wells. SPERE, 1989, 4 (1)：115-124.

[14] Bratvold R B, Horne R N. Analysis of Pressure-Falloff Tests Following Cold-Water Injection. SPEFE, 1990, 5 (3)：293-302.

[15] 贾永禄.均质多重不等厚地层试井分析模型及样板曲线.油气井测试，1994，3 (4)：14-17.

[16] 贾永禄，李允.不等厚横向非均质复合油气藏试井分析模型及压力特征.油气井测试，1996，5 (3)：9-13.

[17] 向开理，李允，李铁军.不等厚分形复合油藏不稳定渗流问题的数学模型及压力特征.石油勘探与开发，2001，28 (5)：49-52.

[18] 田冷，何顺利，顾岱鸿，等.非均质复合气藏试井模型及压力特征研究.大庆石油地质与开发，2006，25 (1)：61-63.

[19] 何维署，付顺利，冉盈志，等．多区不等厚横向非均质复合气藏试井分析模型及压力特征．石油与天然气地质，2006，27（1）：124-130.

[20] Poon D C C. Pressure Transient Analysis of a Composite Reservoir With Uniform Fracture Distribution. SPE 13384.

[21] Prado L R, Da Prat G. An Analytical Solution for Unsteady Liquid Flow in a Reservoir With a Uniformly Fractured Zone Around the Well. SPE 16395.

[22] Satman A. Pressure-Transient Analysis of a Composite Naturally Fractured Reservoir. SPEFE, 1991, 6 (2): 169-175.

[23] Kikani J, Walkup G W. Analysis of Pressure-Transient Tests for Composite Naturally Fractured Reservoirs. SPEFE, 1991, 6 (2): 176-182.

[24] 郭建春，向开理．不等厚横向双重介质复合油藏试井分析模型及数值解．油气井测试，1999，8（1）：1-5.

[25] 黄霖，刘启国．多区双重介质复合气藏渗流数学模型及其压力动态．油气井测试，2006，15（4）：11-14.

[26] Bixel H C, Larkin B K, Van Poollen H K. Effect of Linear Discontinuities on Pressure Build-Up and Drawdown Behavior. Journal of Petroleum Technology, 1963, 15 (8): 885-895.

[27] Streltsova T D, McKinley R M. Effect of Flow Time Duration on Build-Up Pattern for Reservoirs with Heterogeneous Properties. SPEJ, 1984, 24 (3): 294-306.

[28] Ambastha A K, Mcleroy P G, Grader A S. Effects of a Partially Communicating Fault in a Composite Reservoir on Transient Pressure Testing. SPEFE, 1989, 4 (2): 210-218.

[29] Bourgeois M J, Daviau F H, Boutaud de la Combe J L. Pressure Behavior in Finite Channel-Levee Complexes. SPEFE, 1996, 11 (3): 177-183.

[30] Kuchuk F J, Habashy T M. Pressure Behavior of Laterally Composite Reservoir. SPEFE, 1997, 12 (1): 47-56.

[31] Levitan M M, Crawford G E. General Heterogeneous Radial and Linear Models for Well Test Analysis. SPEJ, 2002, 7 (2): 131-138.

[32] Raghavan R, Scorer J D, Miller F G. An Investigation by Numerical Method of the Effect of Pressure-Dependent Rock and Fluid Properties on Well Flow Tests. SPEJ, 1967, 12 (3): 267-275.

[33] Zhang M Y, Ambastha A K. New Insights in Pressure-Transient Analysis for Stress-Sensitive Reservoirs. SPE 28420.

[34] 王廷峰，刘曰武，贾振岐．介质变形引起地层孔渗变化条件下的试井分析．西安石油大学学报，2004，9（2）：17-20.

[35] 廖新维，冯积累．超高压低渗气藏应力敏感试井模型研究．天然气工业，2005，25（2）：41-44.

[36] 石丽娜，同登科．具有井筒储集的变形介质双渗模型的压力分析．力学季刊，2006，27（2）：206-211.

[37] 段永刚，黄诚，陈伟，等．应力敏感裂缝性油藏不稳态压力动态分析．西南石油

学院学报，2001，23（5）：19-22.

[38] 葛家理 . 油气层渗流力学 . 北京：石油工业出版社，1982.

[39] 周蓉，刘曰武，周富信 . 均质圆形油藏不稳定渗流的数值解 . 油气井测试，2001，4（2）：15-19.

[40] 刘曰武，周蓉 . 油气田开发中的数值试井分析 . 力学与实践，2002，24（增刊）：45-50.

[41] 刘曰武，张奇斌，孙波 . 试井分析理论和应用的发展 . 测井技术，2004，28（增刊）：69-89.

[42] 巢华庆，王玉普 . 复杂油藏试井技术 . 北京：石油工业出版社，2001.

[43] 陆金甫，关治 . 偏微分方程数值解法 . 北京：清华大学出版社，1987.

[44] 刘慈群 . 双重介质非线性渗流 . 科学通报，1980，17（1）：1081-1085.

[45] Pedrosa Jr. Pressure Transient Response in Stress-Sensitive Formations. SPE 15115.

[46] Kikani Jitendra Pedrosa ,Oswaldo A Jr. Perturbation Analysis of Stress-Sensitive Reservoirs. SPEFE, 1991, 6(3): 379-386.

[47] 渗流力学研究所，等 . 渗流力学进展 . 北京：石油工业出版社，1996.

[48] 同登科，杨河山，柳毓松 . 油气流—固耦合渗流研究进展 . 岩石力学与工程学报，2005，24(24)：4595-4602.

[49] Stehfest H. Numerical Inversion of Laplace Transforms. Communications of ACM, 1970, 13(1)：47-49.